化学趣味实验

小测试、魔术及化学逸事

【法】保罗·德鲍威 / 著　刘 曦 / 译

上海科学技术文献出版社
Shanghai Scientific and Technological Literature Press

图书在版编目（CIP）数据

化学趣味实验：小测试、魔术及化学逸事 /（法）保罗·德鲍威
著；刘曦译 . 一上海：上海科学技术文献出版社，2021
ISBN 978-7-5439-8373-1

Ⅰ.① 化⋯ Ⅱ.①保⋯②刘⋯ Ⅲ.①化学实验—普及读
物 Ⅳ.① O6-3

中国版本图书馆 CIP 数据核字（2021）第 136239 号

Originally published in France as:

Oh, La chimie ! Quiz, tours de magie et autres anecdotes chimiques extraordinaires, by Paul Depovère

©DUNOD, Paris, 2008

Simplified Chinese language translation rights arranged through Divas International, Paris

巴黎迪法国际版权代理（www.divas-books.com）

Copyright in the Chinese language translation (Simplified character rights only) ©
2021 Shanghai Scientific & Technological Literature Press

图字：09-2017-557

选题策划：张　树
责任编辑：王　珺
封面设计：合育文化

化学趣味实验：小测试、魔术及化学逸事
HUAXUE QUWEI SHIYAN: XIAOCESHI, MOSHU JI HUAXUE YISHI
[法]保罗·德鲍威　著　刘　曦　译
出版发行：上海科学技术文献出版社
地　　址：上海市长乐路 746 号
邮政编码：200040
经　　销：全国新华书店
印　　刷：常熟市人民印刷有限公司
开　　本：720mm×1000mm　1/16
印　　张：13.5
字　　数：174 000
版　　次：2021 年 8 月第 1 版　2021 年 8 月第 1 次印刷
书　　号：ISBN 978-7-5439-8373-1
定　　价：48.00 元
http://www.sstlp.com

前　言

不可否认，对于化学和其他以实验为基础的科学，具体的实验操作有助于理解其中的抽象概念①。这也是为什么我们觉得完全有必要通过亲手操作化学实验来理解化学现象和原理。因此在教学中，教师应使学生有更多机会表演"化学魔术"，亲手打开谜团并对化学这门学科产生兴趣。

学生如果不喜欢化学，主要原因在于他们觉得这门学科难以理解。但人人都喜欢魔术，因此，我们可以利用"化学魔术"来激发学生学习化学的兴趣。本书目的不仅仅在于介绍化学实验及化学魔术，更重要的是想通过精彩的实验来讲解化学概念，而不是使读者认为化学是门神秘而不可理解的学科。学生在看过本书所介绍的化学实验后，将对化学中的概念有更深刻的理解，当然最好他们可以亲自操作这些实验。

一段时间以来，为了引起学生学习化学的兴趣，教师力图让化学变得生动有趣，并使学生在日常生活中注意每时每刻都在发生的化学现象，这种化学示范教学法获得了巨大成功，尤其是在美国。在这里，我们仅列举其中几位佼佼者，如在此方面的权威大师休伯特・N.阿利亚教授（Hubert N. Alyea，普林斯顿大学）、著作等身的乔治・L.吉尔伯特教授（George L. Gilbert，俄亥俄州，丹尼森大学）和巴萨姆・沙卡须利教授（Bassam Z. Shakhashiri，威斯康星大学）。在美国和加拿大已出版多种关于化学示范的书籍。不久之前，与之相配的所需化学用品也已投入市场，可以使读者安全地亲手进行化学实验，如化学发光、振荡反应等等。在一

---

① 关于其他信息和实验，读者可登录 www.dunod.com 查询。

些博物馆，如费城的富兰克林研究所科学博物馆、芝加哥科学工业博物馆、德国慕尼黑科学史博物馆，当然还有建于1937年的由1926年诺贝尔物理奖获得者让·佩兰所创立的探索皇宫，也可以进行化学实验示范。此外，一些美国大学还拥有大型流动实验室，他们在各地巡回示范以激发年轻人对化学的兴趣。

　　本书旨在通过化学实验和趣闻逸事来讲解化学中最基本的概念，使化学变得生动有趣。作者在鲁文天主教大学任教已逾30年，主要教授基础化学、有机化学及药剂学；在化学实验示范方面倾注诸多精力。此书便是作者多年教学经验、与北美大学频繁沟通接触的成果，现已呈现在您面前。好奇心是掌握开启知识和成功大门的钥匙。

谨祝阅读愉快！

保罗·德鲍威

鲁文天主教大学教授

加拿大魁北克拉瓦尔大学客座教授

致　谢

作者谨向米歇尔·帕里西(Michelle Parisi)、乔斯安·若曼(Josiane Joremans)女士,及克劳德·德梅耶(Claude De Meyere)、沃尔特·哈德(Walter Hudders)和阿尔封斯·布莱姆斯(Alphonse Brams)先生表达由衷敬意,感谢他们为本书所作的贡献。感谢哈希德·马莱伊(Rachid Marai)先生所绘的有趣插图,它们与本书内容相得益彰。最后,还要感谢劳伦·贝尔顿(Laurent Berton)先生、安妮·布伊诺(Anne Bourguignon)和瓦妮莎·布奈什(Vanessa Beunèche)女士,感谢他们为本书的出版所作的努力。

须　知

化学实验具有一定危险性,如造成烧伤、衣物破损及爆炸。就算经验丰富如化学家卡 C.W.舍勒(C.W.Scheele)、J.普里斯特利(J.Priestley)、P.L.杜隆(P.L.Dulong),有时也难免会出现意外事故,甚至造成死亡。由于实验风险且大部分化学物品具有毒性,读者需谨慎遵守安全须知,如穿防护服、佩戴防护眼镜和手套,在通风柜内进行操作,等等。尤其需要注意在化学品容器外部所粘贴的危险化学品标识:按产品危险系数分为 R1 至 R68;按操作谨慎须知分为 S1 至 S64。

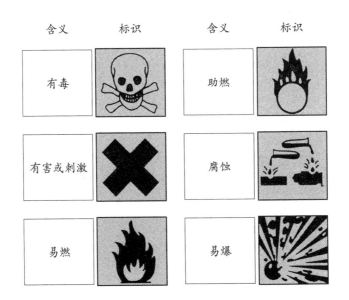

危险化学品标识

目　录

物质是怎样形成的

从宇宙大爆炸到俄罗斯套娃

1931 年,鲁文天主教大学(UCL)著名天体物理学家乔治·勒梅特教授(Mgr Georges Lemaître)提出的"原始原子爆炸假说",即大约 150 亿年前,在一次密度极高的大爆炸后,于真空中产生了物质并散发出巨大能量。此大爆炸假说被称为"宇宙大爆炸",由勒梅特的同事、英国天文学家弗雷德·霍伊尔(Fred Hoyle)率先提出使用,本意却是嘲讽并反对此种假说。宇宙大爆炸理论的有效性已得到验证,并在此基础上提出宇宙膨胀论,也称为星系退行。大爆炸使得星体出现并发生核聚变,这也是星体产生辐射的原因。某些假说认为,一些星体(恒星)在生命末期,聚变为更重的原子核后,伴随着一次超大规模的大爆炸形成超新星,这种说法现已得到广泛承认。这些原子核与适量电子相结合构成不同类型的原子,并进而形成我们的星球。

形成地球的物质以三种状态存在:固体、液体和气体。这三种状态按不同比例相互混合作用形成物质的常态(如沙子、空气)。根据属性是否完全一致,这些混合体可分为同质混合体(如氨气的水溶液氨水)和异质混合体(如金砂)。不同的物理方法可使混合物中的物质分开:如黄金便可借助淘金盘从金砂中分离开来,而通过蒸馏也可从海水中提取淡水。在进行物理分离后,可发现纯净物(如金、水、氨气)性质保持不变,且都由分子构成。分子是构成保持物质化学常态的最小微粒(如水由水分子构成、氨气由氨分子构成)。上述两例证明,原子间的相互结合作用形成分子。如果一种纯净物的分子由不同种元素的原子构成,即被称为化合物。化合物可经一些手段得到分解(如水分子 H_2O 通过电解分离为氢分子

H_2和氧分子O_2),这两种分子含有相同属性的原子(分别为氢原子和氧原子)。这些基本电子或元素按原子序(Z)以表格形式排列,相应的原子序数即代表了该元素在元素周期表中的位置。1869 年 3 月 1 日,俄国科学家米特里·门捷列夫(Dmitri Mendeleev)仅用一天时间率先发现并编订了化学周期表,此项分类对于化学具有重要意义。元素周期表口诀,特别是英语口诀,便于记忆,可轻易记住不同周期的元素分布。这里,我们仅列出法语前三周期的元素序列口诀:

Hé!   **Hé!**

Liliane **Be**cta   **B**ien   **C**hez   **N**otre   **O**ncle   **F**rançois   **N**estor

Nadine **M**angea **Al**lègrement **Si**x **P**étoncles   **S**ans   **Cl**aquer   d'**Ar**rhes①

译文

(嗨!

物质

分子

原子

电子　　原子核

质子　　中子

夸克

前夸克(前子、初子……)?

嗨!

Liliane Becta 就在我们的叔叔 Francois Nestor 家中

Nadine 高兴地吃了六个扇贝,还不用交定金。)

每个原子都由原子核和核外电子构成。原子核密度极大,其质量几乎相当于原子质量;而电子质量极小,在原子中围绕原子核旋转。原子序数为 Z 的原子,其核外电子数为 Z,且每个电子带有一个负电荷。与其对应的原子核则由质子和中子两种微粒构成:带正电的质子数为 Z,而不带电的中子数为

---

① 在法语口诀中,每个单词的首个或前两个字母代表一种元素,背诵这篇小文章就可记住化学元素周期表。——译者注

（A－Z）个，A 此处代表质量数。核子主要由三个夸克构成，如上夸克（up，u）和下夸克（down，d）。上夸克拥有 $u^{+2/3}$ 电荷，而下夸克电荷为 $d^{-1/3}$。所有质子（uud）和中子（udd）都由被囚禁在粒子内部的三个夸克构成。夸克是迄今为止所发现的构成物质的最小单元，但一些科学家认为非常有可能存在着比夸克更小的物质：前夸克（前子、初子……）

这系列套娃中不会出现更小的木娃娃了吗？

俄罗斯套娃是俄罗斯特产木制玩具，一般由若干个一样图案的空心木娃娃一个套一个组成。

玻尔原子模型认为原子如同微型星系，电子在既定轨道上绕核做圆周运动。此模型提出后不久，波动力学便指出其尚不完善之处，并在原子具有波动性这一基础上提出波函数概念，亦称为原子轨道：1s、2s、2p 等等（详情参见薛定谔方程式相关论著）。这种电子循序进入轨道的理论与

"构造原理"(Aufbau principle)相呼应,此原理又名马德隆规则(Madelung's rule)。根据此理论,电子只能以一定的不确定性处于原子轨道的某一位置(参见海森堡不确定性原理)。

依上图可见,人们可以通过光幻视图像用"肉眼"观察到电子在不同原子轨道中的即时随机运动。此外,电子还具有一项引人注意的属性,即它们相互排斥。事实上,当某些原子在本生灯下加热时,电子得到激发从而跃迁到能量较高的轨道,但很快这些电子便回到能量较低的轨道,并伴随释放之前吸收的能量,有时以光的形式放出。这种"焰色反应"在化学上用于测试分析某种元素,焰火便是此种原理的大规模应用。

通常情况下,焰色反应需将准备的铂丝浸在浓盐酸中,随后蘸取试样并观察火焰颜色。以下为观测到的几种具有代表性的元素及其对应焰色:

Li 锂,深红色;

Na 钠,黄色,透过蓝色钴玻璃片不可见;

K 钾,浅紫蓝色,透过蓝色钴玻璃片或钕镨溶液呈紫色,在辉铜溶液中呈蓝色;

Ba 钡,黄绿色;

Ca 钙,橙红色;

Sr 锶,深红色。

此外,把滤纸切割成纸条浸透于溶液中,或者借助氢气发生器或氢气管都可以实现此种测试反应。一些测试反应在进行前需有预防措施,在此不一一赘述。

1963 年联合国发行的焰火邮票

焰色反应之逸事

剩菜回收利用的艺术

巴尔的摩市约翰·霍普金斯大学教授、著名物理化学家伍德(R. W. Wood)曾讲述在留学德国期间,如何最终发现餐馆为他提供的汤竟是由前夜他所吃剩的鸡骨头做的。他取出一根铂丝,将其浸在汤中,随后置于燃烧的酒精灯上,铂丝呈现出深红色,表明汤中含有锂元素。他说道:"昨天,我在吃剩的鸡骨头上撒了一些氯化锂,今天这些锂化物就在我的汤中!"

人尽皆知的秘密

1952 年,当第一颗氢弹在太平洋上爆炸,《纽约时报》以头版头条刊登了目击者对于爆炸的描述:"出现大量的深红色烟雾……"所有的化学家在字里行间随即明白这枚产生于热核聚变的炸弹是锂化合物(实际上为氢化合物)。显然,这极不利于保守当时不谙国家顶级机密的氢弹原理技术。

再来说说电子。根据 1929 年诺贝尔物理学奖获得者路易斯·德布

罗意王子(后继承公爵爵位)研究，电子具有波粒二象性：它有时显示粒性，有时显示波性，但这两种特质绝不会同时出现。电子体现为何种特质取决于粒子间的相互作用。

右边的漫画由 M.E.Hill 创作并于 1915 年在《淘气鬼(Puck)》杂志刊出。这幅宏观的画作很好地说明了微观电子的波粒二象性。左图在整体上既是一幅少妇的画像，也是年老巫婆的画像。巫婆的鹰钩鼻和带有黑眼圈的眼睛分别可认为是少妇的脸颊和左耳；而少妇的项链也可认为是巫婆的嘴。这种视觉感知过程使我们懂得这既是一幅年轻人的画像，也是一幅老年人的画像。

令人费解的摩尔单位

下述概念也许人尽皆知：
- 两个物体形成一个整体，表示成对或成套的器物：如一双袜子；
- 12 个性质相同的物体(如鸡蛋)构成一打；
- 100 张纸构成一刀("刀"此处指纸张的计量单位，与单面长刃短兵器毫无关系)。(因为汉语中不存在 main 的量词概念，因此改为一刀)

但还需要知道：
- 十二打物品(总计 144 个，如 144 个纽扣)称之为一罗；

- 纸张以 500 张纸作为计量单位出售时被称为一令纸（"令"这里指纸张的计量单位，与指示、命令毫无关系）。

有了这笔钱，
天天都能买新车！

在化学中，602 210 000 000 000 000 000 000（60 221 × 10²³）个微粒集体（如原子、分子）构成一个数量单位，称为摩尔（符号为 mol），相当于 0.012 kg 碳 12 所包含的碳原子数目。摩尔既表示数目庞大的个体，同时也表示一个整体，它与米（m）、千克（kg）、秒（s）、安培（A）、开尔文（K）和

意大利邮政 1956 年为纪念化学家逝世一百周年所发行邮票：
阿伏伽德罗与阿伏伽德罗定律。

坎德拉(cd)构成国际单位制的七个基本单位。这一计量单位使原子、分子等微粒构成基本单元广泛应用于化学实验计算中。意大利化学家阿伏伽德罗伯爵曾提出在相同的温度和压强下,相同体积的任何气体都含有相同数目的分子。为了纪念他对现代化学发展所作的杰出贡献,一摩尔物质,即 $60\,221 \times 10^{23}$ 个微粒集体被称为阿伏伽德罗常数。

此外,也有其他类似说明用于阐释摩尔这一数目庞大的计量单位。事实上,当某种元素的原子数目以克为计量单位,我们便知道此元素的原子摩尔数,这个概念也可作用于分子:如果知道分子中的原子数目,我们便知道这种分子的摩尔质量。

小·测试

现有四种化合物,分子式不需相同,都含有碳元素(C, 12 g/mol)、氢元素(H, 1 g/mol)和氧元素(O, 16 g/mol),且摩尔质量皆为 46 g/mol。通过计算,确定并写出这四种化合物的分子式。

答案

$CH_3—O—CH_3$,甲醚,(C_2H_6O, 46 g/mol);

$CH_3—CH_2—OH$,乙醇,(C_2H_6O, 46 g/mol);

$\overset{\triangle}{O—O}$,Criegee 自由基,(CH_2O_2, 46 g/mol);

$H—COOH$,甲酸,(CH_2O_2, 46 g/mol)。

其他科学家也为"阿伏伽德罗常数"概念的提出和测定作出了巨大贡献,如著名学者约瑟夫·洛施密特(Joseph Loschmidt)和让·佩兰(Jean

Perrin)。下面我们将介绍两种较为新颖的推算此项常数的方法：

证明！

首先，我们将以铝元素为例，通过考察其晶体结构①，计算在任何一摩尔物质中所含的原子数目。

由右图所知，铝元素晶体结构呈面心立方晶系，每个晶胞含有 4 个金属原子，晶棱为 $4.049\ 5 \times 10^{-10}$ m。此外根据元素周期表，铝元素的原子量为 26.98，密度为 2.702×10^6 g/m³。现在我们将计算在一摩尔铝，即 26.98 克铝中所含有的铝原子数目。

答案

铝的摩尔质量为 26.98 g，铝的密度为 2.702×10^6 g/m³，所以铝的摩尔体积为：

$$\frac{26.98\ \text{g/mol}}{2.702 \times 10^6\ \text{g/m}^3} = 9.985 \times 10^{-6}\ \text{m}^3\text{mol}^{-1}$$

而铝元素的一个立方晶胞体积为：

$$(4.049\ 5 \times 10^{-10}\ \text{m})^3 = 6.638 \times 10^{-29}\ \text{m}^3$$

由此可计算出在一摩尔铝原子中所含的晶胞数目：

$$\frac{9.985 \times 10^{-6}\ \text{m}^3\text{mol}^{-1}}{6.638 \times 10^{-29}\ \text{m}^3} = 1.504 \times 10^{23}$$

从上文已知，一个晶胞中含有 4 个铝原子，因此一摩尔铝中所含的铝原子数目为：

$$1.504 \times 10^{23} \times 4 = 6.016 \times 10^{23}$$

---

① 《CRC 化学物理手册》是美国化学橡胶公司（Chemical Rubber Co.）出版的一部关于化学和物理学科的著名实用工具书。第一版于 1913 年问世，此后几乎逐年修订再版，后又改为每两年再版一次，内容不断扩充更新。关于晶体结构部分详情参见第 80 版（2001～2002 年）第 4～157 页。——译者注。

通过应用此种方法，我们可以推算出一摩尔任何物质的原子数目在 6.010×10^{23} 和 6.035×10^{23} 之间，这个数目从而验证了阿伏伽德罗常数。为了测量精确起见，一般计算时阿伏伽德罗常数取 6.02×10^{23}。

此外，我们也可以借助原子质量来测算阿伏伽德罗常数。考察原子内部参数可以知道一个原子所包含的质子数、中子数和电子数。在已知这些基本微粒的单位质量基础上，我们可以计算出一个原子的质量。通过上文，我们已经知道一摩尔物质的质量在数值上相当于该物质以克为单位的相对原子质量，因此可以很容易计算出一摩尔物质中所含的原子数。

以同位素 $^{208}_{82}Pb$ 为例，每个铅原子中含有 82 个质子（单位质量为 $1.672\,623\,1 \times 10^{-24}$ g）、82 个电子（单位质量为 $9.109\,389\,7 \times 10^{-24}$ g）和 126 个中子（单位质量为 $1.674\,928\,6 \times 10^{-24}$ g）。已知一摩尔 $^{208}_{82}Pb$ 相对原子质量近于 208 g，现在请拿出计算器，测算阿伏伽德罗常数吧！

布朗运动

诚然，物质由原子构成，但在相当长一段时期内人们都没有办法直接观测原子，扫描隧道显微镜的应用填补了这项空白，现在科研人员可利用显微镜观察、移动或定位原子，这项技术同时也适用于分子。在此之前，布朗运动的发现和研究成为分子存在的决定性依据。

1827 年，苏格兰植物学家罗伯特·布朗（Robert Brown）在用显微镜观察悬浮于水中的花粉颗粒时，发现细胞颗粒在不停地做无规则运动。在布朗研究基础上，爱因斯坦（A.Einstein）和让·佩兰（J.Perrin）指出，微粒的无规则运动是由分子的热运动引起的。在全脂牛奶中加入苏丹红四

布朗运动

号染色剂(每 100 ml 牛奶中加入 0.05 g 染色剂),我们可观察到脂肪颗粒在各个方向上的无规则运动,实际上这种无规则运动是由水分子撞击引起的。

由上文可知,液体分子的不平衡碰撞导致了微粒间的不规则运动,在此基础上,麦克斯韦(J.C.Maxwell)和玻耳兹曼(L.Boltzmann)提出了气体动力学理论。通过计算可以得出,溴分子在 25 ℃常温下的气体扩散速度约达 800 km/h。这些容易操作的实验证明了分子间的不规则运动以及温度变化对其产生的影响。气体动力学理论阐释了气体分子运动的宏观属性,在此基础上就不难理解玻意耳-马略特定律:一定质量的空气,在温度保持不变时,其压强和体积成反比。因为如果容器内气体体积减小,

化学趣味实验

那么在相对小的空间内,气体分子对容器壁的撞击加强,由此导致作用于容器壁的压强增大。查理定律则指出,一定质量的气体,在体积恒定情况下,其压强与热力学温度成正比。这也不难理解:随着温度升高,气体分子平均动能,即作用于容器壁的撞击力增大,由此导致压强增大。

会吃鸡蛋的瓶子

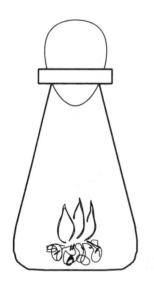

材料:

1. 细颈瓶一个,颈口直径略小于鸡蛋。

2. 纸片,火柴。

操作步骤:

1. 将纸片点燃后置于细颈瓶中。

2. 熟蛋剥去蛋壳,如左图所示,待火苗熄灭,立即将尖端扣于瓶口。

结果:鸡蛋即刻掉入瓶中。

讲解

鸡蛋掉入瓶中是由瓶内火苗熄灭引起的。根据查尔定律,随着瓶中温度的逐渐降低,瓶内压力也随之变小,细颈瓶外的压力大,就会把鸡蛋挤入瓶中。

气体动力理论也可用于解释格拉罕姆气体扩散定律。

奇 特 的 物 质

这儿结冰了

"热水比冷水结冰更快吗?"

对于上面问题,出于直觉我们很可能会做出否定答案,但实际却与此相反。将同等体积的热水和冷水并排置于冰箱中,热水首先结冰。造成这种奇怪现象的原因有很多种,而主要原因是溶解在热水中的气体分子小于溶解在冷水中的气体分子,而这些溶解于水中的气体分子会使其延迟结冰。此外,热水分子黏度小于冷水分子黏度,这导致在冷却过程中,热水对流强度更大,单位时间内由容器外壁热传导而失去的热量更多。而且热水蒸发强度大于冷水,因此在降温过程中蒸发的水分比冷水多,这导致在结冰过程中热水质量始终小于冷水。此外,蒸发属吸热过程,因此热水在蒸发过程中损失的热量比冷水多,这也导致了热水比冷水结冰快。

这儿太棒了!
我在固态氮上滑雪,
飘落在身上的雪花是甲烷。

下个寒假冥王星见?!

小贴士

1. 冥王星表面温度约为－210 ℃,霜冻层表面覆盖着大量的固态氮,雪的主要成分是甲烷(CH_4);而在火星上,极地冰冠主要由干冰构成,即固态 CO_2。

2. 早在古代,中国人便发现雪花神奇的六边对称特性,现在我们已经知道,这主要是因为氢键将不同水分子结合在一起,并以最稳定的六边形形式排列的缘故。在显微镜下观测雪花,我们会发现一个神奇的世界:水结晶以成千上万种不同的美丽晶体结构呈现在世人面前。雪花形状各异主要是由晶体在迅速穿越高空大气层时云层环境不断变化造成的。

雪花类型多种多样,以上为其中四种晶体结构

重水之"重"

准备一些模型槽,其中一些注入普通水,另外一些注入重水(D_2O),将之置于冷冻机中,待形成冰块后取出。实验时,一个烧杯内注入大约250 ml水,并放入一些普通冰块;另一烧杯内放入重水冰块。实验结果表明,重水冰块沉入容器底部。

讲解

普通冰块密度为0.9 g/ml,而水的密度为1.0 g/ml,因此这些冰块如同微型冰山一样在水面浮动。而在重水分子中,由于氘原子取代两个氢原子,其密度大于水分子密度,所以重水冰块沉入容器底部。

其他实验也从不同角度证明了不同物质的密度不同,如调制鸡尾酒就是利用不同液体密度不同,使其在酒杯中层次鲜明。

小贴士

1. 密度最大的元素不是我们经常所说的锇,而是铱。在26 ℃条件下,铱的密度为22.661 g/cm³。
2. 死海是世界上盐度最高的湖泊。下层水团由于已经化石化所以密度远远大于上层水团。但几十年前下层水团曾出现在死海表面。

丁铎尔魔术

将一根钢丝置于由小支架支撑的冰块上,钢丝两端各悬挂一砝码,实验表明钢丝穿过冰块,而后者并没有分裂成两部分。

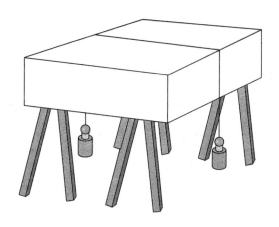

讲解

复冰现象是由约翰·丁铎尔（John Tundall）发现的，在滑冰活动中这种现象尤其有所体现。这位爱尔兰物理学家因以其名字命名的丁铎尔现象而闻名，即溶胶对光的散射现象。

根据勒夏特列原理，液态水的摩尔体积小于固态水（冰）的摩尔体积，随着作用于系统的压强增大，$H_2O(固) \rightleftharpoons H_2O(液)$平衡将向正方向移动。融解过程同时也是吸热过程，因此需要周围冰块的热能转移，所以在钢丝切割冰块后，融化的水再次凝结成冰。

不同固体混合后竟会自动熔解

博南氏液是一种广泛应用于耳科手术的麻醉合剂，由等量（如一克）可卡因、薄荷醇和苯酚混合构成，这三种固态物质混合后即发生液化。

讲解

这是由于系统达到最低熔解温度造成的（参见低共熔现象概念）。

1. 什么金属放在手中就能熔化？答案为镓，它的熔点仅为 29.75 ℃。

2. 在常温下汞呈液态，在 −39 ℃ 条件下才会凝结为冰，比如在冰雪覆盖的加拿大哈得逊湾①。

迫不及待沸腾的液体

在试管中加入一两块有孔隙的石头，注入 3.6 ml 甲酸甲酯（$HCOOCH_3$），再注入 6.4 ml 密度较小的异戊烷 [$(CH_3)_2CHCH_2CH_3$]。用橡胶塞将试管封闭并反复倒置 2～3 次，拔开胶塞，混合溶液立即沸腾。

讲解

上述现象是由于共沸混合物的最低沸点低于周围温度造成的。除了沸点降低外，我们还会发现溶液温度降低且体积增大。这种分层趋势是因为不同种类分子间的吸引力小于同类分子间的作用力。

小贴士

1. 液体有可能同时沸腾和结冰。使用真空泵充分降低系统压强，液体便有可能发生沸腾，但这个过程需要吸收热量，因此在沸腾继续的同时会发生冻结现象。

2. 金星地表情况极其残酷：表面温度接近 500 ℃，大气压强高于

---

① 哈得逊湾位于北冰洋边缘海，加拿大东北部。年平均温度为 −12.6 ℃，冬季最低温度可达 −51 ℃。汞在这种情况下可凝结成冰。——译者注

化学趣味实验

90 000 毫帕,天空为橙黄色,并且覆盖着一层主要成分为浓硫酸的浓云。

小·测试

为什么在启开啤酒瓶的一瞬间,瓶颈上方会出现一层薄雾?

答案

在打开瓶盖时,液体表面上方的空气隙受压强作用发生绝热膨胀,导致瓶内温度降低,瞬间的降温使瓶颈内的蒸气凝结为一层薄雾。雪炮的使用也是基于同样原理。

微型钟乳石

在 250 ml 烧杯内注入大约 1 g 1.4-邻二氯苯(p-Cl—C_6H_4—Cl),并在其几厘米上方安置一个 100 ml 锥形瓶,里面装满碎冰。然后将烧杯浸入水温为 45 ℃的容器中。大约 1 小时后——在此期间需换 2~3 次水,且保持容器温度为 45 ℃,我们会发现在锥形烧瓶的外壁底部出现高纯的 1.4-邻二氯苯的单斜晶针状物。

讲解

1.4-邻二氯苯首先在加热作用下由固态转化为气态,即发生升华(阶段一),由此产生的蒸汽以晶状体形式重新凝结于温度较低的容器外壁(阶段二)。

$$\text{1.4-邻二氯苯(固态)} \underset{\text{阶段二}}{\overset{\text{阶段一}}{\rightleftharpoons}} \text{1.4-邻二氯苯(气态)}$$

这种升华/冷凝操作可以用于净化物质。

注:其他物质也可用于演示升华现象,如雪、霜、碘、降冰片、六氯乙烷、干冰等等。除此以外,后两种物质在压强足够大的情况下可发生熔解现象。

在2 L 杜瓦瓶(或简易暖瓶)内注入为其 3/4 体积的液态氮(沸点 −195.8 ℃)。在演示前,向其中塞入十个充满空气、氩气或二氧化碳的球体。在演示期间,再向其中塞入另外两个球体。然后借助钳子将其一一取出。实验结果表明,球体在正常大气环境中再次膨胀,并恢复原来体积。

讲解

这个实验验证了气体膨胀定律,即盖-吕萨克定律,该定律也经常被误称为查尔定律。盖-吕萨克定律表明当压强保持不变时,气体体积随温度呈线性正比。如注入二氧化碳的球体体积在杜瓦瓶中几乎可忽略不计,除了气体收缩的原因外,更在于 CO_2 冷凝为固体(凝结温度 −78.5 ℃)。

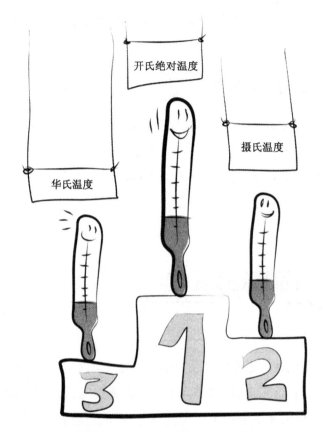

温度计奥林匹克运动会：获胜三强

在材质为聚苯乙烯的杯中注入二氯甲烷（CH_2Cl_2），我们将会惊奇地发现聚苯乙烯杯消失不见了！这种实验还存在其他变体，如准备两个聚苯乙烯杯，一个杯中注入水，另一个杯中注入二氯甲烷。

注：不要向清洗槽中倒入二氯甲烷，否则清洗槽有可能会立刻堵塞。

在试管中注入偶氮苯橙色晶体，如果加水我们可观察到该有机物不溶解于水；如果加入四氯甲烷或乙醚（C_2H_5—O—C_2H_5），摇晃后我们会发现有橙色有机相出现。

讲解

这里涉及相似相溶原理。电离分子通常是极性分子，因此具有亲水性，可溶于水中；而非极性分子则具有亲脂性，可溶于非极性有机溶液中，如四氯甲烷、乙醚和二氯甲烷。

章鱼一样的催化剂

在 75 ml 10%氯化钠（NaCl）溶液中溶解 30 mg 高锰酸钾（$KmnO_4$），将所得紫色溶液倒入 250 ml 的分液漏斗中，并注入 75 ml 苯（有毒，应在通风柜内操作）。摇动分液漏斗，我们会发现紫色物质完全存在于下面的水相中。然后加入几滴甲基三辛基氯化铵溶液（Aliquat 336），重新摇动分液漏斗。待两相分层后，我们可以看到，这次上层苯相变为了紫色！此外，如果我们加入几滴环己烷溶液然后摇动分液漏斗，那么紫色则变为褐色。

讲解

很显然，像高锰酸钾 $K^+MnO_4^-$ 这样的离子化合物会优先溶于极性溶剂中，如水（H_2O）。甲基三辛基氯化铵溶液是一种季铵盐，它属于相转移催化剂类别。这种催化剂如同一些章鱼，它们亲脂的触角深入水相中，亲水头（即 N^+）用自己的反离子 Cl^- 交换 MnO_4^- 离子（因为该离子较大，所以并没有溶剂化)。因为这些含有烃的触角具有亲脂性,所以迅速回到有机相中,而高锰酸根离子使得有机相变为紫色。这些高锰酸根离子同时还扮演了强氧化剂的角色,它可以打开环己烷(C_6H_{10})的环,将其变为己二酸($HOOC-CH_2-CH_2-CH_2-CH_2-COOH$),同时自己被还原成为褐色的二氧化锰 MnO_2。我们同样也注意到,下图中的苯(C_6H_6)是一个环己三烯,虽然我们已很好地证明了它的氧化作用,但其芳香性却难以观察。

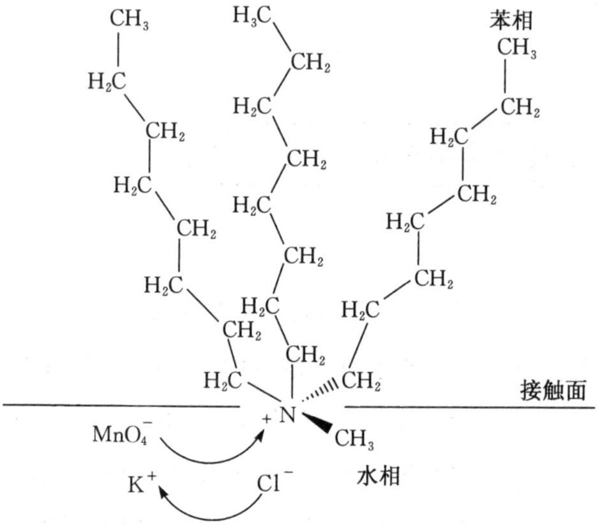

CH₃

(结构示意图:含季铵盐相转移催化剂的接触面示意,标注有"苯相""接触面""水相",以及 MnO_4^-、K^+、Cl^-、^+N、CH_3 等。)

注:另一种证明更偏向于使用冠醚。

化学喷泉

1827 年,以电力学定律闻名的英国物理学家迈克尔·法拉第(Michael Faraday)进行了此项实验:即在一个 1 L 的圆底烧瓶中注满氨

气 NH_3（平底烧瓶或锥形瓶可能会导致内爆），然后按照右图安装。

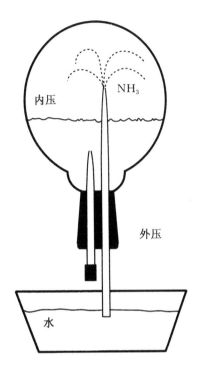

借助滴管往烧瓶内注入少量水，我们会立刻发现有水如喷泉状喷出。如果我们准备三个同规格烧瓶：在第一个烧瓶中加入百里酚酞，第二个烧瓶中加入 0.2 mol/L 的硝酸铅溶液，第三个烧瓶中加入酚酞，将其并列排放则效果更为壮观：我们将看到蓝、白、红，即法国国旗颜色的"三色旗喷泉"。

注：此后也曾进行过含铵的化学冷光间歇泉试验，其他改良实验在此不一一赘述。

讲解

氨在水中的极大溶解度使得瓶内压强大大降低，（即内压＜外压），在大气压作用下，水迅速进入烧瓶从而形成喷泉。含铵的溶液呈碱性，遇到显色剂百里酚酞和酚酞后，分别呈蓝色和品红色，而铅离子以氢氧化铅白色固体的形式沉淀。

美丽魔术

有什么比在溶液中出现美丽的晶体更令人着迷的呢？接下来我们将表演此种"美丽魔术"：将某种盐，如明矾 $KAl(SO_4)_2 \cdot 12H_2O$，溶于热水中,之后将所得的饱和溶液冷却并缓慢蒸发则会出现大量晶体。

此外,我们还可做另外一个趣味实验:将铜质的树木状物体放入银盐(或铅盐)溶液中,随后便可获得一棵银"杉树"或铅"杉树"。

讲解

以上两种情况是指将一价的银离子(二价的铅离子)还原成为零价的金属,即银(铅)。

$$Cu(s) + 2Ag^+(aq) \longrightarrow Cu^{2+}(aq) + 2Ag(s)$$

$$Zn(s) + Pb^{2+}(aq) \longrightarrow Zn^{2+}(aq) + Pb(s)$$

(s)——指(固态)

(aq)——指(液态)

小贴士

1. 如要提纯晶体则需重结晶:将不纯的晶体溶解在沸点适合的溶剂中,趁热过滤,然后将滤液放在一旁让其慢慢冷却,所提纯的晶体就会逐渐出现。有时需借助玻璃棒来刮容器壁上的所得结晶。

2. 法国著名结晶学家 R.J.豪伊(R.J.Hauy)认为,就像我们砌砖一样,晶体由无数同种晶胞在空间内堆砌而成,这种说法现已得到广泛承认。但需要注意的是,此种情况下,晶体结构中只能存在 2、3、4 和 6 次对称轴。科学家曾发现一种令人困惑的铝锰合金:它看起来是晶体,但又不是晶体,因为它具有五重旋转对称轴但并没有无平移周期性的合金相。我们将其称为"准晶体"。准晶体至少由两种不同晶胞在空间中无空隙堆砌而成。

3. 液态晶体指介于晶体和液体之间的中间状态。液态晶体(介晶体)有时是无序的(呈液态),有时是有序的(呈晶体)。总体来说,因其分子随机排列,所以液晶具有一定流动性。此外,光穿过液晶时原有稳定取向在电场作用下被破坏,液晶因而变得不透光,这便是我们常说的将液晶加热至普通液体状态(即各相同性相)的蓝相。

化学"隐身术"

消失的玻璃

如果我们将派莱克斯玻璃(Pyrex)放入浓度为51％四氯化碳和49％苯(有毒)的混合溶液,或是将其放入纯甘油(丙三醇,$HOCH_2$—$CHOH$—CH_2OH)中,它会"消失"不见。

讲解

这些液体的折射率和派莱克斯玻璃(Pyrex)的折射率非常接近,因此玻璃放入这些液体中仿佛消失了一样。

这不可能

在U形管中加入相同体积的四氯化碳溶液和94％甘油与6％水的混合溶液,我们将会看到,这种看起来均匀的液体(即只有一相的液体)的两个液面具有高度差。

但如果加入几颗碘晶体(I_2)则有机相变成紫色,而该液体的两相随之显现。

讲解

当两种密度不同且不互溶的液体在U形管中互相接触时,它们的液

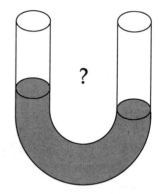

面存在高度差。该"魔术"使用了两种折射率相似的液体,因而两种液体的共同边界,即接触面,变得不明显,U形管中的液体看起来像一种纯物质。而事实上如向U形管中注入纯液体,则两个液面应是在同一个高度的。

小贴士

1. 早上,在太阳真的出现在地平线几分钟前,我们就能够看到阳光了,这也利用了折射的原理。同样,海市蜃楼也可用相似原理来解释。

2. 冰晶石(Na_3AlF_6)是一种天然的铝和钠的氟化物,通常产于格陵兰的伊维赫图特。坐船来的丹麦矿工们用一大块这种矿物制成一个锚,但他们无论如何都不理解为什么锚一旦抛入水中便"消失不见"。事实上这个看似神奇的现象原理很简单:因为冰晶石和水的折射率很相近。

"被监禁的液体"

将一个空试管放入装满液态氮的杜瓦瓶中(液态氮沸点为-195.8℃),一段时间后将其从冷液体中取出,我们可以看到试管内堆积了少量的浅蓝色液体,即空气中的氧气(液态氧的沸点是-183.0℃)。如果将得到的液态氧倒向两个强磁极之间(磁极需事先在杜瓦瓶中用液态氮冷却),我们能看到,直到沸腾,液态氧会一直停在两个磁极之间。

讲解

磁场对液态氧的吸引力证明了氧分子的顺磁性。氧分子的这种特性得益于它有两个自由电子,即未配对的电子。

悬浮?是的,可以

磁悬浮是由于迈斯纳效应,磁石可悬浮在超导材料上的现象,如我们通常称之为 Y-123 的超导材料 $Y_1Ba_2Cu_3O_{7-x}$。然而,这种精彩的现象并不容易实际操作,更难投入商业运营。

讲解

1911 年科学家们发现,当温度接近临界温度,即只有几开尔文时,一些导体的电阻会神奇地消失。这就是向超导体的过渡。在这些超导材料固体中,电子流动时并不损失欧姆,简单说来就是没有能量消耗。然而,如果将这种材料放在一个外加磁场中,它会完全转变为逆磁性,也就是说它将体内磁通量排到体外。这种逆磁现象,即迈斯纳-奥森菲尔德效应(Meissner-Ochsenfeld),需在液态氦中(4 开尔文)进行。不过,1987 年科研人员在高温超导方面取得重大突破:美籍科学家朱经武等人发现了一种高温(93 开尔文)超导材料,超过了液态氮的沸点。

小贴士

目前多个国家都在进行高速磁悬浮列车的研究,这些配有超导磁极的磁悬浮列车将在铁轨上方悬浮运行,无噪声、无干扰,时速将达 500 km/h。奥兰多机场至佛罗里达迪斯尼乐园的磁悬浮列车已经建成。

溜走的液体

1937 年,几位研究者发现在 2.2 开尔文的超低温条件下,液态氦（He Ⅰ）并没有凝固,而是变成了超流体（He Ⅱ）。它的黏度为零,也就是说它流动时不产生任何摩擦,因此没有任何能量耗散。氦元素是目前所知的唯一一种有两种不同液相的元素。超流体的这种特性称为波色-爱因斯坦凝聚（condensation de Bose—Einstein）。

小贴士

此外,还有另一种流体类型,即超临界流体。它既是气体,同时也是液体。如超临界二氧化碳:在超高压下,二氧化碳的密度将变得很大而黏度很小。它具有极强的溶解力,将其放在咖啡中可提取出咖啡中的咖啡因。

气体化学反应

恐怖的"兴登堡"号飞艇

一些分子和其他物质进行化学反应时会产生非常激烈的现象。氢气球的爆炸便是一个经典例子:将一个小气球充满氢气,并用大约四米长的细绳将其绑在地上,把固定在长棒一端的蜡烛递至气球附近,我们将看到氢气球爆炸。

讲解

$$2H_2(g) + O_2(g) \xrightarrow{\text{火焰}} 2H_2O(g)$$

小贴士

1. 多种精彩的实验已验证了气体间的化学反应。

2. 德国飞艇,准确说是"兴登堡"号飞艇使用氢气作为它的升力。1937 年 5 月 6 日,它在新泽西州莱克赫斯特准备降落时发生爆炸,造成 35 人死亡。这是气体化学反应造成的悲剧之一[①]。

3. 关于爆炸,需要知道的是很多磨坊发生爆炸的原因在于面粉粉末的速燃。我们可以自己做一个小的"粉末爆炸机",在里面加入石松粉末,便会看到这些粉末的剧烈燃烧。

4. 即使像 ClO_2 和 NO 这样稳定的分子,当混合时也会立即发生爆炸,且二者反应生成 ClO 和 NO_2。

---

① 人们认为兴登堡号飞艇是由于所释放的氢气和发动机放出的静电发生化学反应所致。——译者注

伴随闪光的叮当声

七氧化二锰（Mn_2O_7）作为强氧化剂能够断开乙醇（C_2H_5OH）的碳碳单键，直接将其氧化成为二氧化碳（CO_2），而不像在红酒中使其发酸，并将其氧化成为醋酸（CH_3COOH）。

此实验需要佩戴手套，在通风柜内操作，此外需准备灭火器。

在 600 ml 烧杯中小心加入 200 ml 的浓硫酸，将此烧杯浸入到一个盛有 1 L 水的烧杯中。用量筒沿着烧杯壁缓缓加入 200 ml 浓度为 96％的乙醇溶液。我们将发现在酸相上形成一层有机相。在混合物中加入 0.5 克高锰酸钾以分辨此两相。随后我们可以看到有小气泡出现，而且有绿色生成物向两相接触面移动。之后突然出现闪光和叮当声，这个小爆炸是由于氧化还原反应的化学能转化为光能和声音。

结束实验时可在通风柜内，用水缓缓稀释混合反应液。

讲解

首先合成七氧化二锰：

$$MnO_4^-(aq) + 2H^+(aq) \longrightarrow MnO_3^+(aq) + H_2O(l) \; puis,$$

$$MnO_3^+(aq) + MnO_4^-(aq) \longrightarrow Mn_2O_7(aq)$$
$$\text{七氧化二锰，（绿色）}$$

此七氧化物是一种极强的氧化剂，可溶解乙醇分子中的两个碳原子，使其以二氧化碳的形式消失。

$$2Mn_2O_7(aq) \longrightarrow 4MnO_2(s) + 2CO_2(g)$$
$$+ CH_3CH_2OH(aq) \quad + 3H_2O(l) + \text{化学能}$$

小贴士

汽车中用来保护乘客的气垫,即安全气囊会在撞击后立即膨胀(约为40毫秒)。事实上,这种撞击会使一种特殊的化合物叠氮化钠(NaN_3)发生化学反应,从而释放出大量氮气。

银镜的生成

反应物

-溶液 A:在 5 ml 蒸馏水中依次加入 0.5 克葡萄糖($C_6H_{12}O_6$)和 60 mg 酒石酸($HOOC—CHOH—CHOH—COOH$),加热至沸腾,然后冷却。另加入 1 ml 乙醇(C_2H_5OH),稀释该溶液至 10 ml。

-溶液 B:在 5 mL 蒸馏水中溶解 400 mg 硝酸银($AgNO_3$)。

-溶液 C:在 5 mL 蒸馏水中溶解 600 mg 硝酸铵(NH_4NO_3)。

-溶液 D:在 10 mL 蒸馏水中溶解 1 g 氢氧化钠($NaOH$)。

演示

在一个干净的玻璃培养皿中倒入全部溶液 A,向其中加入事先混合好的溶液 B 和 C,然后倒入溶液 D。摇动培养皿至所有溶液混合均匀。将此培养皿放在常温下,几分钟后我们便能看到一个漂亮的银镜。

不要加热溶液。

银镜一旦形成,需立即将培养皿清空并清洗干净,因为该反应可能会生成一种易爆的沉淀物雷酸银($AgOCN$)。

讲解

这种试剂我们称之为托伦试剂,可用来检测还原糖中含有的醛基。葡

萄糖在水溶液中主要以 α 和 β 两种构型的环形吡喃存在。它们通过醛相互转换达到平衡，即糖链被打开。己醛糖的醛基被氧化成羧酸，银离子还原成零价态，因此出现漂亮的银镜。这个反应的化学计量遵照下面的方程式：

$$2Ag(NH_3)_2^+ OH^- (aq) + R-\overset{\overset{\displaystyle \|}{\displaystyle O}}{\underset{\displaystyle H}{C}}(aq) \longrightarrow$$

醛

$$2Ag(s) + R-\overset{\overset{\displaystyle \|}{\displaystyle O}}{\underset{\displaystyle \bar{O}^-}{C}}\ NH_4^+ (aq) + 3NH_3(aq) + H_2O(l)$$

银镜

注：在一些条件下也可以制造出铜镜。

小贴士

金是延展性最好的金属，我们可以把金压延加工，主要用于装饰。其厚度仅约十微米，相当于大约 10 个原子的厚度而已！这些薄的金箔通常透明，将其置于太阳光下，有一种蓝绿色光可以通过。

罗兰-加洛斯碎砖？

分析化学中一个问题就是如何验证糖（单糖）是否为还原剂。通常我们首先使用托伦试剂（参见上文），然后使用第二种方法来验证托伦试剂结果。这个和班氏测试齐名的补充实验就是斐林测试。斐林试剂是由斐林试剂 I 和斐林试剂 II 两种溶液即时配制的混合溶液。

-斐林试剂 I：将 3.5 g 五水硫酸铜（$CuSO_4 \cdot 5H_2O$）溶于少量水中，

然后加水至 50 ml。

-斐林试剂Ⅱ：将 17.3 g 酒石酸钾钠（NaOOC—CHOH—CHOH—COOK）和 5 g 氢氧化钠（NaOH）溶于少量水中，然后加水至 50 ml。

这两种溶液混合后生成的蓝色溶液被称为斐林试剂，酒石酸离子和铜离子 Cu^{2+} 生成络合物。测试是将 0.1 g 待分析的糖加入装有 10 ml 水的试管中，向其中加入 5 ml 斐林试剂。加热至沸腾，我们将发现蓝色逐渐消失，并且生成一种砖红色沉淀，即氧化亚铜（Cu_2O）。这就像我们在试管底部制造了碎砖一样！

 普鲁士蓝还是特恩布尔蓝

在欧洲药典（1969，卷Ⅰ，100 页）中我们可以看到鉴定铁盐的反应：

-二价铁盐溶液,与 R 铁氰化钾溶液反应,生成一种蓝色沉淀……

-三价铁盐溶液,与 R 亚铁氰化钾溶液反应,生成一种蓝色沉淀……

第一种情况得到的沉淀颜色叫做特恩布尔蓝,第二种叫做普鲁士蓝,或柏林蓝。这些卓越的染料也可叫做中国蓝或密罗里蓝,事实上,它们的分子式相同,即 $KFe^{III}[Fe^{II}(CN)_6]$,颜色的变化是由铁的不同价态之间的互相转换造成的。

$$Fe^{2+}(aq) + [Fe^{III}(CN)_6]^{3-}(aq) \rightleftharpoons Fe^{3+}(aq) + [Fe^{II}(CN)_6]^{4-}(aq)$$

正是铁的两种不同价态的存在,使这种染料具有美丽的颜色。

小贴士

色觉是一种非常复杂的现象,关于色觉的机理,目前多用"三原色学说"来解释。我们定义蓝、绿、红为三原色。

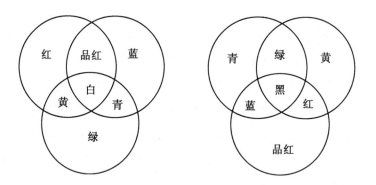

当这三种光以重叠的方式投射在荧光屏,如电视显示屏时,这三种光相互叠加做适当混合可产生白光。(见上面左图中间部分);在同样的电视显示屏上,红光和绿光叠加则形成黄色。总之在日常生活中,所有物体都是由自然光(阳光)或人造光(灯泡)照亮。白光实际是由所有可视光谱混合形成的复色光。物体会吸收过滤,简单说就是去掉一些颜色。如果我们减去三原色,会得到减法三原色,即黄、青和品红。如果我们在白光源和观测物之间放上滤色镜(黄、青、品红),我们就能看到黑色(见上页右图中间部分)。这两幅图还可以使我们理解蓝和黄、绿和青、红和品红之间的互补关系。因此,如果染料吸收的波长相对应为黄色,那么它实际表现出来的颜色就是深蓝色。不过有时也会产生一些奇怪的现象,如金绿宝石,它是一种由金绿玉构成的细石,它在白炽灯下显示红色,但在日光下显示绿色!

小测试

鸡蛋的蛋清部分是什么颜色?

答案

　　蛋清部分并不呈白色而是浅黄色。因为它含有维他命B_2,也称为核黄素。

昔日诊所里的气味

当用碘化钾,即碱金属的碘化物溶液处理含有 $CH_3—CO—$或$CH_3—CHOH—$的分子时,会产生一种特殊并持久气味(藏红花粉味)的黄色沉淀物,即碘仿(CHI_3)。这就是碘仿反应。碘仿曾是消毒防腐的最佳选择,而诊所里的特殊气味正是碘仿造成的。

化学趣味实验

碘化钾溶液

将 1 g 碘单质（I_2）和 2 g 碘化钾（KI）溶于 5 ml 水中，然后用相同溶剂（水）将此溶液稀释至 10 ml。

测试

在水中滴几滴丙酮（CH_3—CO—CH_3），然后加入 2 ml NaOH（3M），随后缓慢加入 3 ml 碘化钾溶液。如果溶液中棕色消失，且伴有典型气味的黄色沉淀生成，并且此沉淀物的熔点为 119 ℃，那么测试则呈阳性。

海胆状晶体

在载玻片上，滴一滴 0.05 M 硝酸银溶液（$AgNO_3$），然后将一小块铬酸钾（K_2CrO_4）晶体放在这滴溶液上。在显微镜下，我们将观察到一个迷人的化学反应：这块晶体仿佛一个生物，它竖起了红色的刺，正如海胆一样！

讲解

$$CrO_4^{2-}(aq) + 2Ag^+(aq) \longrightarrow Ag_2CrO_4(s)$$
铬酸银的红色沉淀

注：其他在显微镜下进行的有趣实验在此不一一描述。

轶事趣闻：

1. 钛铁矿中的钛矿物被硫酸腐蚀过会产生一种"黑色污泥"，后者会产生白色沉淀，即二氧化钛（TiO_2），可用于制造白胎壁轮胎。

2. 威尔森症的其中一个症状是在角膜处出现一种被称为凯-费环

(Keyser-Fleischer ring)的色素环。这是由于不正常的新陈代谢
而造成的铜络合物的沉积。

3. 从前,一位英国少妇用次硝酸铋(通过水解氧化铋所得,初始物为
Bi$_2$O$_3$)来涂脂抹粉,这使她拥有白皙细腻的脸颊。一次,她在位
于约克郡的哈罗盖特温泉沐浴,然而并不知道温泉水中富含硫化
氢(H$_2$S):这让她很失望,她的脸一下子变成了黑色,原因在于硝
酸铋和硫化氢反应生成了硫化铋(Bi$_2$S$_3$)!

法国色

反应物

-溶液 A:将 0.1 g 酚酞(滴定指示剂)溶于 80 ml 乙醇中,然后用水将
溶液稀释至 100 ml。
-溶液 B:将 2 g 硝酸铅(Pb(NO$_3$)$_2$)溶于 100 ml 水中。
-溶液 C:将 2 g 硫酸铜(CuSO$_4$·5H$_2$O)溶于 100 ml 水中。
-溶液 D:2 M 氨水(NH$_3$ 的稀释溶液)。

演示

将三个 250 ml 烧杯排成一行,分别把溶液 A、B、C 倒入其中。然后
依次在 A、B、C 中加入一点溶液 D 直至得到红色、白色和蓝色。

讲解

加入氢氧根离子(HO$^-$来自氨水),在溶液 A 中酚酞呈红色;在溶液
B 中生成 Pb(OH)$_2$ 白色沉淀;在溶液 C 中生成 Cu(OH)$_2$ 浅蓝色沉淀。

而在溶液C中,当滴入过量溶液 D(氨水)时,沉淀会重新溶解,得到络合离子$[Cu(NH_3)_4]^{2+}$(aq),呈现出很漂亮的深蓝色。

注:可通过选择不同指示剂获得每个国家的国旗颜色。

铜的循环实验

铜的循环实验是指从金属铜出发,最后又重新得到铜的一系列反应。实验的教育目的在于通过一系列连续的且涉及成分及颜色变化的反应,来证明这一元素不会发生改变且质量守恒。同样,对银的循环也是相同的描述。

趣闻轶事:

早在 18 世纪末,化学教学的先驱,约瑟·布拉克(Joseph Black)就实现了以下循环:一定质量的 $MgCO_3$ 通过加热得到 MgO,其质量有所减少。将 MgO 溶于硫酸中,然后通过加入适量 K_2CO_3,又重新得到 $MgCO_3$ 沉淀。

前后 $MgCO_3$ 的质量相等。事实上,在加热中逸出的气体(CO_2),又通过固体 K_2CO_3 重新归还给了氧化镁!

趣闻轶事:

在加工几吨沥青铀矿(一种铀矿),又在恶劣的条件下分离了成千上万个再结晶物之后,居里夫妇终于分离得到了1分克的一种陌生金属的氯化物,其放射性比铀盐还强 300 万倍!这种类似于钡的新金属被命名为镭(Ra)。所有的镭盐都能持续不断地释放热量并伴随发光。这就是

化学版的永动机:能量能从一种看似没有变化的材料中永久释放出来！但他们注意到,在释放能量的同时,也不断地释放一种具有放射性的未知气体(稀有气体),这种气体被称为激光气,实际上是一种新的化学元素——氡(Rn),在元素周期表中位于氙下方。此外,这个元

1938 年为纪念居里夫妇发现镭
40 周年所发行的法国邮票

素是通过镭放射出一个氦核(α 粒子)而得到的,它的半衰期是 3.82 日(放射周期)。原子因此可以出生和死亡。"物质不灭定律"应该从这个角度

重新审视。镭的衰变,从外表上看似乎能够永远释放能量,因为其半衰期长达 1620 日。但释放能量需要以质量的损失作为代价,此原理来自爱因斯坦的著名关系式:$E=mc^2$。

化学振荡反应

根据热力学第二定律,所有的化学反应系统都在持续地达到最终平衡状态。当系统从初态变化到终态时,宏观来看,此反应永远是单向不可逆的。但我们发现,当进行一些化学反应时,某些物质(中间产物或催化剂)的浓度周期性上升和下降。下面我们将通过反应实验来理解这些貌似违背热力学定律的化学反应机制。

Bray-Liebhafsky 反应

Bray-Liebhafsky 于 1920 年偶然发现了以其名字命名的 Bray-Liebhafsky 反应:即通过碘酸根离子(IO_3^-)的催化作用而发生的过氧化氢(H_2O_2)分解反应。

原理

含有过氧化氢、碘酸钾(KIO_3)和硫酸溶液的混合物会引起碘(I_2)浓度的周期性变化(振荡)。

讲解

以下为此反应的化学机制:一方面,过氧化氢把碘酸根离子还原为碘单质:

$$5H_2O_2(aq) + 2IO_3^-(aq) + 2H^+(aq) \longrightarrow I_2(aq) + 5O_2(g) + 6H_2O(l)$$

但另一方面,过氧化氢把碘单质氧化为碘酸根离子:

$$5H_2O_2(aq) + I_2(aq) \longrightarrow 2IO_3^-(aq) + 2H^+(aq) + 4H_2O(l)$$

这就是为什么碘单质的浓度会随时间发生振荡。我们把这两个反应相加,会得到一个能体现振荡动力的反应方程式:

$$2H_2O_2(aq) \longrightarrow 2H_2O(l) + O_2(g)$$

B-Z 振荡反应(Belousov-Zhabotinsky 反应)

B-Z 振荡反应在 1958 年,由别洛索夫(B. P. Belousov)在研究三羧酸循环时首次发现,然后由扎鲍廷斯基(A. M. Zhabotinsky)补充完整。在此反应中,柠檬酸被溴酸钾氧化。

演示

在放有磁力搅拌器的 250 ml 烧杯中,加入 70 ml 蒸馏水(当中的氯离子必须完全去除)和 2 ml 浓硫酸。然后将 6.5 克溴酸钾(KBrO$_3$)溶于此酸性溶剂中。随后再加入溶有 0.6 g 溴化钾(KBr)的 15 ml 水溶液,和 1 g 柠檬酸(HOOC—CH$_2$—COOH)。

溶液褪色后,加入一小匙硫酸铈铵二水合物[(NH$_4$)$_4$Ce(SO$_4$)$_4$·2H$_2$O]和 1 ml 0.025 M 邻二氮菲-Fe(II)指示剂(由邻二氮菲和亚铁离子组成的络合物,是氧化还原反应指示剂)。我们可观察到一种在橙红色和浅蓝色之间的周期振荡变化,该振荡会维持约一小时。

注:此反应同时存在化学发光的变化。

讲解

大体上,一方面:

47

化学趣味实验

$$HOOC—CH_2—COOH(aq) + 6Ce^{4+}(aq) + 2H_2O(l) \longrightarrow$$
柠檬酸
$$2CO_2(g) + HCOOH(aq) + 6Ce^{3+}(aq) + 6H^+(aq)$$

另一方面：

$$10Ce^{3+}(aq) + 2BrO_3^-(aq) \longrightarrow 10Ce^{4+}(aq) + Br_2(aq)$$
$$+ 12H^+(aq) \qquad\qquad + 6H_2O(l)$$

这就是 Ce^{4+} 和 Ce^{3+} 离子浓度会随时间发生周期性振荡的原因所在，也说明了邻二氮菲-Fe(II)可作为此种反应的指示剂。下图所示的化学反应也体现了它的振荡动力，并且符合热力学定律：系统的自由能不断下降。

$$2H^+(aq) + 2BrO_3^-(aq) \longrightarrow 2HOOC—CHBr—COOH(aq)$$
$$+ 3HOOC—CH_2—COOH(aq) \qquad + 3CO_2(g) + 4H_2O(l)$$

非做不可的 Briggs-Rauscher 反应

Briggs-Rauscher 反应是 B-Z 反应和 Bray-Liebhafsky 反应相结合而发生的变体反应。

反应物

-溶液 A：将 40 ml 浓度为 30％的过氧化氢用水稀释到 1 L。

-溶液 B：将 43 g 碘化钾溶于水中，再加入 13.7 ml 的 70％高氯酸（$HClO_4$）（相对密度为 1.67），然后将溶液稀释到 1 L。

-溶于 C：在加热情况下，向水中加入 0.3 g 可溶淀粉，再加入 16 g 柠檬酸和 3.38 g 硫酸锰（$MnSO_4 \cdot H_2O$）。最后将此溶液稀释到 1 L。

演示

将溶液 A、B 和 C 等容积混合。系统由无色变为香槟黄色，随之突然变为深蓝色,如此这般进行周期振荡。

讲解

此反应机制完全对应了之前两个反应,它的振荡动力体现于下列方程式中:

$$HOOC—CH_2—COOH(aq) + I_2(aq) \longrightarrow HOOC—CHI—COOH(aq) + HI(aq)$$

蓝瓶之谜

演示

向 0.5 L 瓶子内加入 300 ml 蒸馏水和 10 g KOH。当 KOH 固体完全溶于水中后,向其加入 10 克葡萄糖以及 5 滴亚甲蓝溶液(0.2%)。每当晃动此无色溶液时,都会出现蓝色,但每当停止晃动时,蓝色又马上消失。只要溶液中还有可被氧化的葡萄糖,这个反应就可持续进行。此外,还存在多种由振荡反应引起的可逆的颜色变化现象,但与此实验相反的是:蓝色溶液会由于晃动而消失,停止摇动时,蓝色又重新出现。

讲解

摇晃瓶子时,空气中的氧会溶于溶液,并氧化无色的亚甲蓝使其呈现蓝色。但葡萄糖是一种具有还原性的糖,所以它能把亚甲蓝重新还原为无色。

趣闻轶事：

20世纪在肯塔基的一个山谷中，在法国移民后代中，高铁血红蛋白血症隐性基因的携带者数目不断增长，他们的皮肤微微带有蓝色（青紫色）。治疗方法：每天口服一种含有亚甲蓝的糖衣药丸。总之，为了不变成"蓝肤人"，每天得咽下这种蓝色的药丸。其原因在于：吡啶核苷酸首先把亚甲蓝还原成无色，然后此无色形式再把高铁血红蛋白还原成正常的血红蛋白。这样他们的皮肤便可通过蓝色的尿液排出亚甲蓝，从而变回原来正常的颜色！

利泽冈环：振荡不仅会随时间，也会随空间推移

1898年，德国化学家利泽冈（R. E Liesegang）发现，在铬酸钾（K_2CrO_4）浸泡过的明胶凝胶薄片上放一小块硝酸银（$AgNO_3$）晶体会出现多个铬酸银的同心环。这种现象也能在自然界中被发现：如一些矿物（褐铁矿、玉髓、孔雀石），或蝴蝶的翅膀。很多反应物质会引起利泽冈现象。大部分在试管中进行的实验都会出现利泽冈环。以下是一个典型的实验操作：

在50 ml蒸馏水中溶解1.5 g明胶和2.5 g铬酸钾。在一支试管里装大概2/3这种溶液。塞住试管口，放置大约12小时。然后向得到的凝胶上倒入被水稀释过的0.1 M硝酸银溶液，使其完全装满整个试管。用载玻片重新盖住试管口，放置一天，便能观察到Liesegang环。

讲解

$$K_2CrO_4(aq) + 2AgNO_3(aq) \longrightarrow Ag_2CrO_4(s) + 2KNO_3(aq)$$
红色沉淀

趣闻轶事：

由于外壳随时间生长而生长，某些热带壳类软体动物，如出现在1995年5～6月的《美国科学家》(《American Scientist》)杂志封面上的贝壳，长有十分美丽的花纹外壳，这种规律的振荡既与时间有关又与空间有关。

番茄汁里的彩虹

演示

在量筒中倒入 20 ml 番茄汁，然后再加入 20 ml 溴的饱和水溶液。

需小心溴！

用一个玻璃棒轻轻搅拌：会发现在不透明的深红色番茄汁中会出现一道彩虹，其颜色顺序为：蓝、绿、黄、橙。

讲解

彩虹出现的原因是，当溴进攻番茄红素(注：番茄红素是使番茄呈红色的类胡萝卜素)分子上的 C—C 双键时，生成一个由电荷转移形成的寿命很长的络合物。其颜色为蓝色，当蓝色络合物逐渐混入溴的饱和水溶液(黄色)时，我们便会看到绿色。而脂质胶束逐渐解体，释放的类胡萝卜素又迅速被溴化，也就是说番茄红素会褪色。

注意：此外还存在加入 pH 试剂而生成的彩虹现象。

演示

　　向一个试管中加入 2 g 硝酸铅[Pb(NO₃)₂]和 2 g 碘化钾(KI)。这些物质需提前仔细研磨。然后塞住并摇晃试管,原本白色的粉末变成了黄色。此外,在研钵中就可以通过用杵搅拌这两种粉末来实现颜色变化。

讲解

$$Pb(NO_3)_2(s) + 2KI(s) \longrightarrow PbI_2(s) + 2KNO_3(s)$$
$$\text{白} \qquad \text{白} \qquad \text{黄}$$

一切都是能量问题

证明

一切实验都需佩戴护目镜与手套,并在通风柜内完成。

向 500 ml 圆底烧瓶中加入 30 g 碘单质(I_2),然后立即加入 15 ml α-蒎烯。这个强烈的放热反应能使碘单质升华。这种现象是由一名叫做詹姆斯·赫里奥特(James Herriot)的英国兽医发现的。通过给牛的伤口消毒,他发现没有比先用碘消毒然后再敷药更好的方法了。升华的碘单质会在伤口上再次冷凝,保证伤口彻底消毒。这种方法更加有效,但是比涂抹碘酒更疼痛。

讲解

松节油含有约 60% 的 α-蒎烯。该分子与碘发生强烈反应,因为这种含 C—C 双键的氯化物能带动碳链的重排,进而减小了有机基质环的压力。

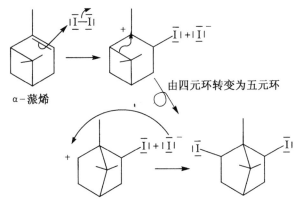

分子重排(转移):由四元环转变为五元环

注：也存在其他放热反应：如将一团钢棉浸入到硫酸铜溶液中；在干冰中燃烧镁屑；点燃铝热剂；研磨盐酸羟胺与亚硝酸钠；燃烧纯的简单碳氢化合物，如甲烷、丙烷或乙炔。

既然燃烧 1 mol 丙烷释放的能量（$\Delta H^{\circ}_{comb} = -2\,220$ kJ/mol）比燃烧 1 mol 乙炔（$\Delta H^{\circ}_{comb} = -1\,325$ kJ/mol）释放的能量大，在焊接时，为什么要选择燃烧乙炔（C_2H_2）来得到最高燃烧温度（$> 2\,500\,℃$）而不是丙烷（C_3H_8）？

答案

燃烧 1 mol 乙炔释放 3 mol 气体（$2CO_2 + H_2O$）；而燃烧 1 mol 丙烷虽然释放更多热量，但却放出 7 mol 气体（$3CO_2 + 4H_2O$）。

趣闻轶事：

1. 放热反应，如醋酸钠（CH_3COONa）的结晶，是某些热水瓶，如潜水员所用的热水瓶工作的原理。这种水壶的优点是能够重复使用。在实际操作中，只需一个能够破坏溶液介稳态的金属装置。快速结晶能够让化学系统温度升高到 $50\,℃$ 左右，且能保持几小时。之后，热水壶需要重新"补充能量"，把它放入沸腾水中，重新溶解晶体即可。另外一种放热系统为水解无水氯化钙（$CaCl_2$）。

2. 鬼火是由腐烂的有机物中所含的磷化氢（PH_3，自燃物）自燃而产生的现象,并同时伴有甲烷生成(CH_4)。我们也可通过磷化钙(Ca_3P_2)和水反应,或在碱性环境中加热白磷(P_4)观察到此现象。

3. 为了暂时抵御寒冷,人类本身具有各种生理机制来阻止体温下降。如打寒战:因为体内热量散发,肌肉不自主收缩以补偿体内的热量损失。同样,在寒冷环境下,为了减少血液的热量损失,皮肤内的血管也会收缩。

4. 一种叫做椿象(俗称"放屁虫")的甲虫长有可分泌 1,4-苯二醇和过氧化氢的防御腺。当遇到危险时,该混合物就会通过一种特殊的酶反应生成对苯醌和氧气。该反应能精确向敌人射出超过 100 ℃的热量,并伴有很大声音。

1988 年美国发行的一套纪念邮票(Insects & Spiders)中的"放屁虫"邮票

哎呀,这儿真冷

演示

用几滴水将一小段木头浸湿,在木块上放置一个烧杯(杯底需很薄很平），杯中装有 30 ml 已在 0 ℃ 环境中冷却过的水。如一次性向容器中加入 15 g 硝酸铵（NH_4NO_3），摇晃片刻后可观察到木块同烧杯粘到一起，因为缝隙间的水已冻结。

讲解

物质在水中分解属吸热过程（也就是说伴随着热量吸收），大部分盐类溶解度随温度升高而变化。对于硝酸铵来说：

$$NH_4NO_3(s) \xrightarrow{\text{水}} NH_4^+(aq) + NO_3^-(aq)$$

注：在速冷装置，如 Instant-Kold®，隔室里注入硝酸铵和水，只要打破隔室间的薄膜，分解反应就可进行。吸热反应还有其他典型例子，如混合两种固体，一种为 $Ba(OH)_2 \cdot 8H_2O$，另一种为 NH_4NO_3，或 NH_4Cl，或 NH_4SCN；或一种固体与一种液体，如 $CoSO_4 \cdot 7H_2O$ 和 $SOCl_2$。这些反应系统中熵含量的大幅增加解释了此种反应的自发特性。

小·测试

在西班牙有种特殊的有孔隙的泥罐，这种泥罐中部分水能够以蒸发形式渗出，该过程属吸热过程，以此来冷却剩余水。罐子为浅白色，人们可仰饮其中清凉的水。它的名字是什么？

答案

凉水壶。

小贴士

1. 当人处于过热环境中会流汗。汗腺的分泌活动从而被激发:从皮肤毛孔渗出的汗水蒸发,正是这种吸热现象消耗人体过剩的热量。

2. 计算化学反应的热函变化通常比较容易(放热性或吸热性):即形成键(产物)的能量总和减去断裂键(反应物)的能量总和。但也存在某些特殊反应,如等键反应,在反应过程中,不管从质量还是数量上看,反应物和产物的反应键相等。请看下例:

$$CH_3—CH=C=O+2CH_4 \longrightarrow$$
$$CH_3—CH_3 + CH_2=CH_2 + H_2C=O$$

即:

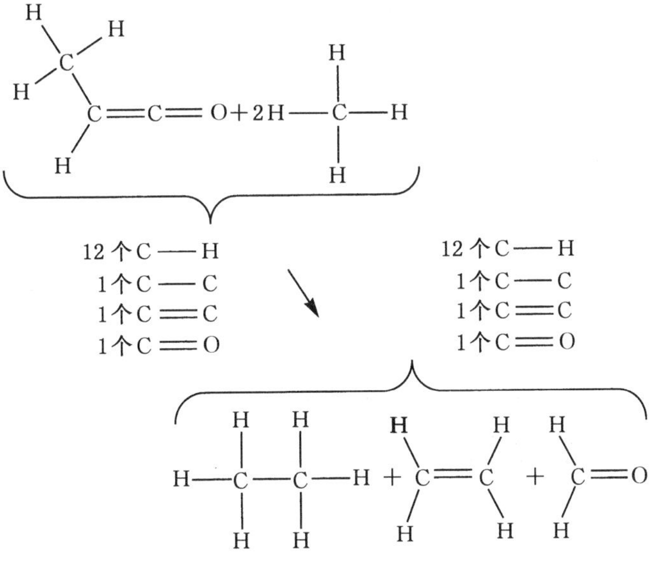

12个 C——H	12个 C——H
1个 C——C	1个 C——C
1个 C==C	1个 C==C
1个 C==O	1个 C==O

在热量测定基础上分析类似现象,能够获得化学反应性方面的珍贵资料。

奎宁柠檬水荧光现象

19 世纪中叶,爱尔兰物理学家乔治·斯托克斯发现萤石(CaF_2)由于其自身特性,可将不可见的紫外线转化为波长较长的可见光,并将该光波命名为荧光。众多有机化合物都可产生这种荧光现象。

演示

在 150 ml 乙醇中溶解 10~20 mg 奎宁三水合物(金鸡纳树皮里含有的苦味碱),然后再加入 150 ml 稀硫酸并用紫外灯照射。可以观察到金鸡纳碱溶液发出灰蓝色荧光,与奎宁柠檬水(奎宁水)发出的荧光颜色相似,其苦味和发光现象都是由于奎宁的存在。

注:四溴荧光素、荧光素(钠盐)和罗丹明 B 的水溶液同样能够产生荧光,但只限于在可视光谱区域,分别在黄色、绿色和橙色光域。

著名炼金术士

德国炼金术士 H·布兰特(H.Brandt)在 1669 年用煤煅烧尿液,在蒸发后获得一些淡琥珀色并能持续发光的微小颗粒。布兰特由此发现了一种新元素并命名为磷(根据词源学,该词义为"带有光的物质")。概括来讲,"磷光"现象是指某些物体所具有的被激发后能持续发光的特性。此外,将滤纸在二硫化碳溶液中浸湿,然后在暗处将白磷(P_4)【因极易反应并含有剧毒,需贮存在盛有冷水的广口试剂瓶中】置于其上蒸发也能产生磷光现象。【滤纸最终将燃烧;需预先准备灭火器】。

制备磷光化合物的诸多方法,无论是有机化合物还是无机化合物都已一一描述,在此不做赘述。

演示磷光现象并不复杂,将滤纸在 1-萘羧酸(又名 α-萘酸,$C_{11}H_8O_2$)的碱化溶液中浸湿,然后用紫外线辐照,在暗处晾干后展现给大家即可发现磷光现象。

小贴士

1. 在美国,用不同的磷光墨盖印邮票的方法大大简化了信件分类。每一封信在二级分类时都需经紫外线光照射:航空件邮票会闪现短暂橙色磷光,而普通邮件邮票则产生灰绿色磷光。

2. 热致发光,一种极其迟缓的磷光现象,现尤应用于测定古物年代,如陶土。

不管是什么光

当化学反应在受激电子态中形成产物时,会产生化学反光现象,即产物恢复到基本状态,同时发出可见光的现象。

反应物

-溶液 A:在 400 ml 水中溶解 0.1 g 发光氨(5-氨基-1,2,3,4-四氢酞嗪-1,4-二酮),然后加入 5 ml 浓度为 10% 的 NaOH 溶液。

-溶液 B:在 400 ml 水中溶解 1.5 g 六氰基高铁(Ⅲ)酸钾,$K_3Fe(CN)_6$。

化学趣味实验

演示时加入 3 ml 浓度为 30％的过氧化氢(过氧化氢,H_2O_2)溶液。

演示

保持房间昏暗,将 A、B 两种溶液通过一个大漏斗同时倒入一个有刻度、容量为 1 升的圆柱容器里,容器底部事先需放置六氰基高铁(Ⅲ)酸钾晶体。之后便可以观察到有蓝绿色光射出。

讲解

冷光的产生是由于发光氨氧化分解生成一种被激发的钝化产物,同时发出可见光。所谓冷光,与白炽光相对,是指发光而不产生热量的光。此外,此化学反应还生成过氧化物(O_2)的自由基阴离子,这是由于过氧化氢在碱性介质,六氰基高铁(Ⅲ)酸钾作用下分解所产生的。其过程如下图所示:

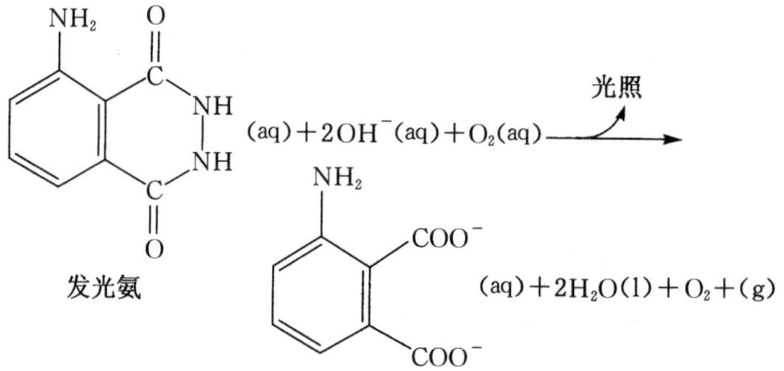

注:仅使用漂白水(次氯酸盐和氯化钠的水溶液,NaClO＋NaCl)作为氧化剂,同样可进行相同示范:此种情况下,在 150 ml 浓度为 10％的 NaOH 溶液(0.1 M NaOH)中溶解约 70 mg 发光氨,然后加入等体积漂白水即可。另外,通过加入不同的荧光物质,化学发光的颜色也会随之改变。此外还有其他的化学发光系统,其中一种令人印象深刻并且耗费不大:即过氧化氢作用下氯化乙二酰的氧化,此反应伴随着化学能量传向荧光物质(发射受体),如苝或并四苯。在商业中化学发光现象已有投入使用,如路标或危险信号。

小贴士

在深海中，许多生物由于各种原因而发出光信号，即生物发光。如某些枪乌贼在腹部长有专门的发光器官，乌贼之所以发光是为了使身体留下的阴影消失，这样在它们下方的捕食天敌就发现不到这些悄无声息的生物。

军服的变色伪装

2-(2，4-二硝基苯甲基)吡啶是一种晶体，颜色同沙子相仿。将其放在太阳下，颜色在几分钟内就变成深蓝色。这种光致变色现象是可逆的：将其放回黑暗中，又慢慢变回淡黄色。

讲解

电磁能量促使 2-(2，4-二硝基苯甲基)吡啶转变为互变体，而光照停止后又变回最初形态。

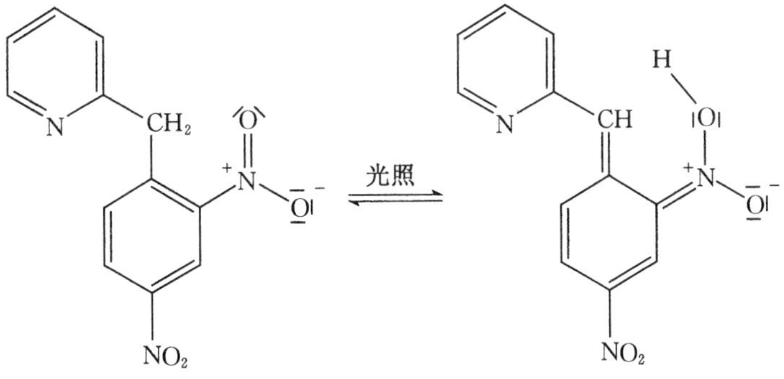

2-(2，4-二硝基苯甲基)吡啶

沙黄色硝基

深蓝色酸

其他无机或有机光致变色分子也已一一发现。某些化合物已获得专利保护并用于衣料染色剂，其颜色可根据是否置于阳光下而改变（如从橙色到灰色）。这些用于纺织业的染料也可用于军服的变色伪装！

小贴士

光敏玻璃太阳镜（即变色太阳镜）在阳光下颜色加深，而当光度减弱时则变回最初颜色。人类从未停止前进的脚步：电子防眩目后视镜对汽车的前灯非常敏感，可根据环境光线的变化自动调整镜面反射率，以最大限度满足司机的视觉需要。

在太阳下变颜色的汽车

颜色随温度变化而变化的化合物被称为热色性化合物。

演示

四氯铜双二乙基铵盐（[(CH₃CH₂)₂NH₂]₂CuCl₄），常温下为绿色针状结晶复合物。加热这种晶体可观察到，在接近 52～53 ℃时，其颜色变为黄色。这种热色现象是可逆的。

讲解

接近 52～53 ℃时，$CuCl_4^{2-}$ 的配合物的几何结构发生变化：从最初的平面四角转变为四面体形状，由于热量导致了有机反离子的形成。

注：一些热色化合物的变化是可测量的，如二氯化钴、氯化钴，它们可用于制造变色温度计。

小贴士

牙刷制造商乔丹（Jordan）最近推出一款神奇牙刷（*Magic®*），当牙刷柄温度同手的温度（及口腔温度）一致时就会改变颜色。这个现象引起其他方面的注意，终于一场伦敦时装秀中展示了热色连衣裙。在不远的将来，一种黑色高级轿车也将问世，车身在 22 ℃时变成红色，27 ℃时变成蓝色。愿大家有幸在停车场能遇到这种车。

闪光的晶石

摩擦发光是指某些晶体由于机械变形（摩擦、裂缝）而发光的现象。

演示

在两个表面皿之间放几粒 N-乙酰邻氨基苯酸结晶，然后旋转其中一个表面皿以碾碎酸结晶。在黑暗中我们能明显看到由此发出的光。

讲解

  施加在表面皿上的压力按纹理劈开结晶，从而使表面带电，结晶表面加速移动的电子与空气中的氮分子产生碰撞，进而产生了发光现象。

  注：关于能够摩擦发光的固体的介绍数不胜数。其中某些物质已为大家熟知，如蔗糖或冬青油糖果（因形状类似救生圈又被称为"救生圈糖"），此外还有一些结构复杂得多的分子，比如双氧铀盐。

超声波、微波炉以及爆炸

  在某些情况下用超声波辐照反应混合物，能够得到比较特殊的产物，如果没有这种压力波，产物则会不同。在充斥着氮气、氢气和一氧化碳的原始大气中，很可能是由于超声波作用才促使产生氨基酸、蛋白质这些生命物质。微波炉也很好地阐释了超声波的作用：通过超高频电磁波辐射（2.45千兆赫，即 2.45×10^9 赫兹），它能够快速烘烤或加热食物。此外，由于水的几何特性（géométrie coudée），水具有偶极距，每时每刻水都按照电磁波的电场方向排列。但由于电场每秒振动 24.5 亿次，因此每当水分子要到达合适位置时，电场会发生换向，由此导致水分子也必须反方向排列。正是水分子的超速排列以及随后的反方向排列引起摩擦现象，从而加热了整个系统。

  如果电波同物质会发生相互作用，那么也会产生反作用：即化学反应能够产生声波。前面讲到的氢气球爆炸（见 35 页）便是一个例子。这里还将列举另外两个例子：

一

在铁砧上放置一点红磷(磷的一种聚合结构)和氯酸钾($KClO_3$,一种强氧化物)【请戴安全镜、防护手套和防噪音耳机!】,随后用锤子敲砸……嘣!我们将听到巨响,这便是由磷的强度氧化造成的。

二

用三碘化氮(NI_3)润湿滤纸,然后将滤纸剪成小片放在地上【请戴安全镜和防护手套!】。小纸片变干后,稍微碰触便会爆炸。这种"鞭炮"是由于分子快速分解并释放气体氮气(N_2)造成的。

储存光能

地球绕太阳运转,太阳表面温度约 6 000 ℃,中心温度高达 15 000 000 ℃。阳光约需 8 分钟才能到达地球:地球所接收的光强度约有 3.9×10^{26} 瓦。光能对化学系统产生多种影响:光致变色现象和热色现象(参考上文)便是精彩的范例。但光同样能够引起分子间的化学反应,且这些反应有时是可逆的。

人们已发现一些可用于储存光能的光异构化反应。基于此原理,降冰片二烯可用于储存光能并同时异构化合成四环烷烃。尽管存在多种循环压力,四环烷烃在常温下状态稳定。

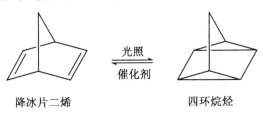

降冰片二烯　　　　　　　四环烷烃

四环烷烃可用于储存太阳能。在有需要时，在催化剂作用下，四环烷烃可以热能释放出张力能，从而变回为降冰片二烯。

注：基于相同原理，同样存在着一些无机化合物反应系统。

小贴士

视觉机制，如同皮肤对有害紫外线 B 的保护机制一样，在光子作用下，会进行可逆的顺反异构化反应——分别是视黄素（醛结构维生素 A）和咪唑丙烯酸（皮肤中含有）。

燃料和阳光

石油、煤、天然气，这些化石燃料是由沉积在沼泽、海洋里的动植物在微生物作用下，历经几亿年缓慢分解而形成。因此这些能源从某种角度来说，是被叶气孔吸收的二氧化碳（CO_2）与水在阳光作用下，在富含叶绿素的植物叶绿体中反应所产生，简单来说就是光合作用。由于光合作用，植物能够生长，产生生物能量，并同时释放出氧气。

但这些化石燃料并非取之不尽，用之不竭，由此所导致的能源危机会造成严重的经济后果。在模仿太阳核反应的同时——太阳通过热核聚变①每秒将 6 亿吨氢（H_2）转换为氦（He），许多专家提出使用氢气作为燃料。太阳能发电电解水制氢方法为：将太阳能转化为电能，然后通过光生

---

① 勿同 1939 年 O.哈恩（O. Hahn）、F.斯特拉斯曼（F. Strassman）、L.迈特纳（L. Meitner）和 O.弗里希（O.Frisch）发现的核裂变混淆。核裂变是指重原子核分裂成许多碎片，同时释放出大量能量和中子。而核聚变正好相反：很多轻原子核在高温下结合成一个重原子核，同时也释放出大量能量。

伏打电池或热分解,氢气便有可能从水中分离出来。

设备和反应物

-电解槽。

-溴甲酚绿溶液:在 15 ml,0.01 M NaOH 溶液里溶解 0.1 g 该指示剂,然后加水稀释溶液至 250 ml。

-1 M Na_2SO_4 溶液。

-1 M CH_3COOH 溶液。

-1 M H_2SO_4 溶液。

-1 M NaOH 溶液。

演示

在 400 ml 1 M 硫酸钠(Na_2SO_4)溶液里加入 20 ml 溴甲酚绿溶液,然后一滴滴加入 1 M CH_3COOH 至 pH 值为 4.5,溶液变成绿色。在电解槽里倒满这种溶液,剩下溶液分别倒入两个烧杯中。然后进行电解,直到能够清楚观察到收集的气体量比值(氢气/氧气)为 2/1。这时可以看到阳极溶液变成灰黄色,积聚的气体是阴极处的一半。向装有指示剂的任一烧杯里加入 1 M H_2SO_4,以表明黄色是酸性溶液的颜色。而在阴极,上文提到此处气体为阳极两倍,溶液颜色变为深蓝色。在另一个装有指示剂的烧杯里加入 1 M NaOH 溶液,以证实蓝色是碱性溶液的颜色。然后将电解槽里的液体倒入另外一个空烧杯:可以看到溶液变回绿色。

讲解

在阳极,水中的氧氧化成为氧气分子,并伴随着溶液酸化。

$$2H_2O(l) \longrightarrow O_2(g) + 4H^+(aq) + 4e^-$$

在阴极，水中的氢还原成为氢气分子，伴随着溶液碱化。

$$4H_2O(l) + 4e^- \longrightarrow 2H_2(g) + 4OH^- (aq)$$

两式相加，消除化学方程式前后相同部分，可得到电解反应方程式：

$$2H_2O(l) \longrightarrow 2H_2(g) + O_2(g)$$

这个化学式准确表明所生成气体的比例为 2/1。

小贴士

1. 20 世纪初住户使用直流电，为了测量用户的用电量，美国的天才发明家托马斯·爱迪生利用电解原理发明了世界上第一台电度表：一部分电流流向电解电池，阴极每月一次被取下来，冲洗、晾干，然后称重。根据法拉第定律，则可正确开出电费单。

2. 许多使用氢气作为燃料的项目如今正在试验中：如液氢汽车、用氢气代替燃料油……

在内燃机内部,如同发动机推动汽车一样,可燃气体向活塞提供膨胀力。然而,一些化学反应系统能够将化学能直接转换成机械能。

反应物

-汞(Hg)。

-浓 H_2SO_4(18 M)溶液。

-6 M H_2SO_4 溶液(在 2 体积水中小心加入 1 体积 18 M H_2SO_4 溶液)。

　注:绝对不能反向操作!

-0.1 M 重铬酸钾($K_2Cr_2O_7$)溶液。

演示

需佩戴安全镜和防护手套! 摘掉可能会被汞齐化的贵重物品(首饰、手表……)

在一个小表面皿里放一定量的汞,使得汞滴的直径为 2 cm。用 6 M H_2SO_4 覆盖汞。加入 1 ml 0.1 M 重铬酸钾($K_2Cr_2O_7$)。然后沿着表面皿的半径将一根铁钉靠近并接触到汞滴。现在向汞滴一滴滴加入 18 M H_2SO_4,直到出现有节奏的律动。这就是跳动的水银心,其运动能够持续一分多钟。

讲解

这种电化学振子的动力,是六个铁离子通过汞转移到重铬酸盐而产生的。

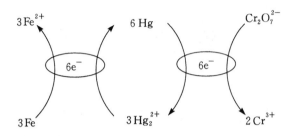

因此汞扮演着中继槽的作用,负责来自被氧化释放出来的铁离子,然后将其转移到重铬酸盐(接收离子后浓缩)。汞处于基本状态(0 氧化级)时,形状是人们熟知的球状;但汞处于＋I(Hg_2^{2+})级时,在金属滴表面会出现硫酸亚汞(Hg_2SO_4)薄膜,这样会减弱汞滴表面张力,随之塌陷变平。当汞再次接触到铁钉时循环重新开始。如此循环,化学能直接被转化为机械能!

注:镓心的跳动也基于同样原理。

小贴士

1. 肌肉收缩是生物学里化学能转化为机械能的经典例子。由于腺苷三磷酸(ATP)消耗,肌纤蛋白纤维沿着肌凝蛋白纤维滑动,如同扳手滚轮滑动,由此造成肌肉纤维的收缩。此外,枪乌贼和某些章鱼能够快速向任何方向移动也是同样原因:这些动物首先吸水,然后通过身体肌肉(外套膜)收缩喷水。强力的喷水同时也是名副其实的喷气发动机。

2. 关于发电机,大家应该还记得内燃机,燃料(汽油或柴油)燃烧所产生的气体膨胀力(参考查理定律)用来启动活塞摇杆系统,从而带动曲轴转动。这样,直线变速运动转化为循环运动。

化学反应的可行性

没人喜欢被阻碍

根据勒夏特列原理,又名"最小阻碍原理":如果强行改变一个平衡化学反应体系的某些参数以扰乱这个平衡,那么这个体系会发生变化来阻碍这种强行参数的变更,并按照相同的热力学常量数值,最终调整到新的平衡状态。

浓度

如果增加试剂浓度,反应体系会随之增加对这种试剂的消耗。另外,如果从反应混合物中抽取某一产物以降低其浓度,那么反应体系会再生成这种产物。化学家经常使用这两种方法以提高所需产物的产率,所需产物就是通过平衡调整过程所获得的。

演示

1. 往试管里加入 5 ml 二氯化钴 0.2 M 水溶液,颜色为粉色。再慢慢加入 10 ml 11.5 M 盐酸溶液时,溶液变成蓝色。

2. 往另外一个试管倒一半溶液,加入 5 ml 蒸馏水:溶液变回粉色。

3. 往另外一半蓝色溶液里加入 5 ml 0.1 M 硝酸银($AgNO_3$):出现沉淀,溶液变成粉色。

4. 往试管里加入 5 ml 0.2 M 二氯化钴水溶液。沿着倾斜的管壁慢慢倒入 10 ml 丙酮。粉色溶液上方出现蓝色圆环。

讲解

上述化学反应验证了浓度的改变对于化学平衡状态的影响(勒夏特

列原理),化学方程式为:

$$[Co(H_2O)_6]^{2+}(aq) + 4Cl^-(aq) \rightleftharpoons [CoCl_4]^{2-}(aq) + 6H_2O(l)$$

粉色   蓝色

1. 由于强酸中的氯离子 Cl^- 过量加入,以及强酸的脱水作用,促使反应向右推移,即促使生成四氯化钴(Ⅱ)化合物。

2. 加水导致平衡向左推移,即向生成六水化钴(Ⅱ)化合物方向推移。

3. 若存在 Ag^+,氯离子 Cl^- 沉淀($AgCl$ 不溶于水)。氯离子的减少促使平衡向左移,再次生成氯离子。

4. 丙酮通过氢键吸附接触面的水分子,降低了处于游离状态的水分子浓度,因而平衡向右推移以生成水分子,同时出现蓝色含氯络合物。

注:还存在其他类似反应,反应物为不同的金属离子。勒夏特列原理试验的有效性证明了化学平衡具有动力特征,而非静力特征。需要注意的是,上述例子并不是证明这个定律的最典型范例。

压力

随着反应系统的压力增强或减弱,系统会向最大或最小气体摩尔数方向推移。此范例请参见本书丁铎尔魔术(参照 19 页)。

温度

随着反应系统的温度升高或降低,系统平衡向吸热或放热方向推移;但在此情况下,常数值本身发生改变(参照范特霍夫等压方程)。日常生活提供了上述由常量影响的典型范例:人们太热时就会流汗(吸热现象);太冷时就会打寒战(放热现象)!

小贴士

天热时,母鸡由于无法流汗就会急喘。因此产蛋蛋壳易碎,稍微碰撞便会裂开。这是勒夏特列原理作用下的必然结果。

$$CO_2(g) \rightleftharpoons CO_2(aq) \rightleftharpoons H_2CO_3(aq)$$

母鸡呼出的
CO_2

$$\rightleftharpoons H^+(aq) + HCO_3^-(aq) \rightleftharpoons H^+(aq) + CO_3^{2-}(aq) \rightleftharpoons CaCO_3(s)$$

蛋壳

快帮帮我,我要喝汽水!

由于母鸡肺部过度换气,造成$CO_2(g)$缺失从而影响之后的平衡,最终导致蛋壳里$CaCO_3(s)$含量缺乏。至于解决办法,大家都知道,那就是给母鸡喝汽水,因为汽水中含有溶解的二氧化碳气体。

化学时钟反应

尽管热力学能最终确定平衡位置,但不能预示达到这个平衡状态的速度,这一方面是动力学所要解决的问题。某些化学反应在反应物混合后,会突然出现一种产物并持续一段时间,人们称此种反应为化学时钟反应。

兰多尔特反应(碘钟)

反应物

-溶液A:在150 ml水中溶解0.25 g碘酸钾(KIO_3)。

-溶液B:在142 ml水中溶解0.1 g亚硫酸钠(Na_2SO_3),然后加入0.5 ml 3 M硫酸(H_2SO_4)和7.5 ml浓度为1‰的淀粉浆。

演示

在600 ml容量烧杯里混合A、B两种溶液。15秒后溶液变成黑色。

讲解

简略地说,首先亚硫酸离子将碘酸盐还原为碘化物:

$$IO_3^-(aq) + 3SO_3^{2-}(aq) \longrightarrow I^-(aq) + 3SO_4^{2-}(aq)$$

这个反应速度较慢,因为首先需形成必需的中间物,如$IO_2(aq)$。然后碘化物和碘酸盐反应生成碘,以三碘I_3形式出现的碘与淀粉浆反应生成管状络合物。

$$5I^-(aq) + IO_3^-(aq) + 6H^+(aq) \longrightarrow 3I_2(aq) + 3H_2O(l)$$

$$I_2(aq) + I^-(aq) \longrightarrow I_3^-(aq)$$

$$I_3^-(aq) + 淀粉浆 \longrightarrow 深蓝色络合物$$

注:此反应还存在多种有趣变体。

速制雌黄

反应物

-溶液A:在150 ml水中溶解3 g准亚砷酸钠($NaAsO_2$),再加入16.5 ml

冰醋酸(CH_3COOH)(即纯醋酸)。

-溶液B：在 150 ml 水中溶解 30 g 硫代硫酸钠($Na_2S_2O_3 \cdot 5H_2O$)。

演示

在 600 ml 容量烧杯里混合 A、B 两种溶液。30 秒后会出现美丽的金黄色沉淀。

讲解

一定时间后会出现金黄色硫化砷胶态沉淀，人们称之为雌黄。反应方程式，即 Forbes-Estill-Walker 反应如下：

$$20H^+ (aq) + 12S_2O_3^{2-} (aq) + 2AsO_2^- (aq) \longrightarrow$$
$$As_2S_3 (s) + 6HSO_3^- (aq) + 3H_2S_5O_6 (aq) + 4H_2O(l)$$

金黄色　　　　　　　　　连五硫酸

小贴士

关于黄色颜料，早在公元四世纪，中国炼丹家葛洪[1]便已记述能制造出硫化锡颜料(SnS_2)的方法：在锡中加入明矾和氯化铵，加热整整 30 天便可得到仿佛黄金的硫化锡，主要用于镀金石膏像，这项技术如今仍在使用。

连串反应，又名"Old Nassau[2]"反应

下面范例是 H.N.阿利尔(H.N.Alyea)教授改变兰多尔特反应得到的结果。为让他著名的大学(新泽西州普林斯顿大学)甚或是让贵族

---

[1]　参见葛洪所著《抱朴子》。

[2]　"Old Nassau"自 1859 年起便是普林斯顿大学校歌，Nassau 为以英王威廉三世 Nassau 命名的教学楼。

化学趣味实验

Nassau 家族一展风采，他将其命名为"Old Nassau"反应。

反应物

- 溶液A：在 500 ml 沸水中溶解 4 g 可溶淀粉，然后加入 13 g 亚硫酸氢钠（$NaHSO_3$）和 500 ml 水。
- 溶液B：在 1 升水中溶解 3 g 二氯化汞（$HgCl_2$）。
- 溶液C：在 1 升水中溶解 15 g 碘酸钾（KIO_3）。

演示

按顺序混合等量的 A、B、C 三种溶液。溶液先变成橙色后变成黑色。

讲解

此反应原理同兰多尔特反应原理类似。碘化物在和碘酸盐反应生成碘之前，便已生成橙色沉淀 HgI_2，然后 HgI_2 以 HgI_4^{2-} 离子形式溶解于溶液中，同时产生四碘合汞（Ⅱ）化合物。

注：还有其他化学时钟反应，其特点在文献中都有详细描述。

游乐园中的碰碰车

反应混合物里的分子如同碰碰车总是在一个跑道上相撞。化学反应来自不同分子间的碰撞，但这些撞击需要足够的力量。能生成产物的化学变化所需的最小动能被称为激活能（E_a），这个词使人联想到过渡状态的"活化"特点。

　　提高化学反应系统的温度相当于增加其能量,即拥有最大动能分子的比例增加;简言之,最大动能等于或超过 E_a 的分子数增加,从而引起更多有效碰撞。反应速度提高,该速度可以用速度常量 k 表示(参照阿伦尼乌斯方程)。

演示

　　两个容量为 500 ml 的烧杯中分别装有 400 ml 冷水和 400 ml 热水。然后分别加入一粒"我可舒适(Alka-Seltzer®)"泡腾片;很明显,热水中的泡腾片溶解较快,随后很快产生气泡,这个证明化学反应体系高温时动力增加。

　　注:一种能将激活能可视化的灵敏观测系统曾被介绍阐释。

　　使用催化剂同样能够提高化学反应速度,催化剂能够降低所需激活能,并在化学反应后保持质量和化学性质不变。在这种情况下必须注意到:尽管催化剂能够提高平衡到达的速度,但平衡绝不会因此改变其状态,即存在的分子比例。

"阿拉丁神灯的秘密"

窍门在于拥有一个用铝箔包裹的小瓶——瓶里装有约 50 ml 浓度为 15%～20%的过氧化氢(H_2O_2),瓶塞的孔上挂一个装有 10 g 二氧化锰(MnO_2)的小袋。然后揭去铝箔,拔下瓶塞,让 MnO_2 小袋慢慢掉进溶液里:从此刻起,在二氧化锰催化剂的作用下,过氧化氢剧烈分解成氧气和水,放热性将水如云般喷出瓶子:灯神便从瓶中逃出来了!

神秘化学秀

隐形墨水

反应物

-百里酚酞溶液:在 20 ml 酒精里溶解 0.5 g 该 PH 指示剂。

-硫氰酸钾溶液:在 50 ml 蒸馏水里溶解 2.5 g 硫氰酸钾(KSCN)。

-0.01 M 氢氧化钠(NaOH)溶液。

-0.1 M 三氯化铁溶液(FeCl$_3$)。

演示

演示几天前,在透明薄滤纸(一种化学上常用的有孔试纸,主要用于滤纸)上写下看不见的欢迎语:第一句用百里酚酞溶液写,第二句用硫氰酸钾溶液写,这两种溶液都是无色"墨水"。演示时,用喷雾器将 NaOH 溶液喷向试纸,第一句变成蓝色,再喷上三氯化铁溶液,蓝色句子消失,另一句欢迎语出现,颜色为红色。

讲解

百里酚酞是一种酸碱指示剂,在酸性或中性介质中呈无色,当 pH 值高于 11 时,该指示剂变成深蓝色。而硫氰酸离子,在分析化学里,是验证三铁阳离子的选择反应物:

$$Fe^{3+}(aq) + 3SCN^-(aq) \longrightarrow [Fe(SCN)_3(H_2O)_3](aq)$$
$$血红色$$

 颜色对抗：难以置信但确实如此

演示

把蓝色石蕊试纸浸入到 0.1 M 蓝色硫酸铜溶液（$CuSO_4$）中,然后取出,试纸变成红色。现在,将红色试纸浸入含酞的红色氨水中:这次试纸变回蓝色。

讲解

由于水解现象,硫酸铜溶液呈酸性,这使得石蕊试纸变成红色。之后出现蓝色,很明显是因为在碱性介质中,红色氨水中的酚酞溶解了。

矿物变色龙

在 50 ml、0.01 M 高锰酸钾溶液（$KMnO_4$）里加入 25 ml 浓度为 5％ 的 NaOH 溶液。混合物呈紫色溶液,将其慢慢倒入一个配有滤纸的漏斗里,漏斗里装有 15 g 二氧化锰（MnO_2）粉末,漏斗下方是一个锥形烧瓶。我们可观察到滤液变为翠绿色！现在,使用稀硫酸（H_2SO_4）酸化滤液,此次溶液变回紫色！这一系列反应可反复操作。

讲解

这个精彩的演示是一种可逆的归中——歧化反应。在碱性介质中:

$$2MnO_4^-(aq) + MnO_2(s) + 4OH^-(aq) \xrightarrow{归中} 3MnO_4^{2-}(aq) + 2H_2O(l)$$
紫色 　　　　　　　　　　　　　　　　　绿色

重新酸化:

$$3MnO_4^{2-}(aq) + 4H^+(aq) \xrightarrow{歧化} 2MnO_4^-(aq) + MnO_2(s) + 2H_2O(l)$$
绿色 　　　　　　　　　　紫色

注:1. 在某些特殊条件下,甚至可能在同一个试管里制造化学国旗:天蓝色底层【次锰酸离子,$MnO_4^{3-}(aq)$】,深绿色中层【锰酸离子,$MnO_4^{2-}(aq)$】,紫色上层【高锰酸离子,$MnO_4^-(aq)$】。

2. 另外一种"矿物变色龙"——钒也曾被介绍过。

鲜红蒸汽哪儿去了

演示

在一个锥形烧瓶里收集二氧化氮 $NO_2(g)$ 鲜红蒸汽,然后加入活性

炭(一种经过特殊处理的木炭或泥炭),塞住瓶口,剧烈摇晃,可观察到红
色蒸汽完全消失。

讲解

这个演示表明活性炭具有吸附气体的特性。

小贴士

唐·皮埃尔·培里依(Dom Pierre Pérgnon)(1639～1715),一个住
在埃佩尔奈镇附近的本笃会修士,因净化香槟的"黏附"技术而出名。实
际上,只需往葡萄酒里加入一种凝结剂,如膨润土,便能够吸附所有影响
佳酿纯度的悬浮微粒,然后沉淀。

怎样用香蕉将钉子钉入木头

演示

将香蕉在液氮中冷冻几分钟。戴上绝缘材料手套,香蕉便可当作锤
子使用,将钉子钉入白塞木块里。

讲解

在－195 ℃温度下,香蕉中的水分完全冻结,使得香蕉如锤子般坚
硬。另外,白塞木木材轻软(密度 0.15),尤其用来制造飞机模型。

注:

1. 还有其他关于液氮的典型例子:如从小暖瓶中取出若干球体,等等。

2. 使用液氮(或者氮气),几分钟内就可以为宾客准备好冰淇淋。

银没有气味，灰烬更没有

演示

先做燃烧假币实验，用夹子将其浸没在浓度为95％的酒精(C_2H_5OH）里，取出点燃，纸币变成灰烬。然后向在座者要一张真币。将其浸在100 ml乙醇和75 ml水构成的溶液里，然后取出点燃。观众非常震惊，因为这张纸币燃烧但并未损坏。

讲解

在第二种情况中，火焰同时汽化酒精和水（热容升高）。水汽化具有超强吸热性，需向外界吸收热量，因而纸币保持原有温度没被燃烧。

冰块点燃蜡烛，看不见的气体熄灭蜡烛

演示

将插有蜡烛的烛台放在桌上。事先在每根蜡烛的烛芯里加一小块钠【小心操作，请戴手套！】。将冰块握在手心，用融化的水滴点燃一根根蜡烛。还有更奇特的现象！现在要熄灭蜡烛，只需将一个空烧杯倒向蜡烛！

讲解

碱金属同水剧烈反应，同时释放氢气，

$$2\text{Na(s)} + 2\text{H}_2\text{O(l)} \longrightarrow 2\text{Na}^+\ \text{OH}^-\ (\text{aq}) + \text{H}_2\text{(g)}$$

氢气同空气中的氧气接触,燃烧点燃烛芯:

$$\text{H}_2\text{(g)} + 1/2\text{O}_2\text{(g)} \longrightarrow \text{H}_2\text{O(g)}$$

而看起来是空的烧瓶,其实里面装有六氟化硫,SF_6,这是一种无色(即看不见的)惰性气体,是所知的密度最大的气体之一;因此,可以将其"倒向"蜡烛火苗,使其因缺乏助燃剂氧气而熄灭。

在一个圆底瓷皿里加入橙色重铬酸铵晶体,$(NH_4)_2Cr_2O_7$,一直加到中间高度。然后将容器放在一块作为隔热层的平板上。借助洗瓶用丙酮润湿一点晶体,然后划火柴点火。这样会引起仿佛维苏威火山的"火山爆发":大量火星喷向空气,橙色晶体逐渐膨胀,在反应后变成略带绿色的超轻粉末。

讲解

这个现象是由氧化还原反应引起的,该反应产生于一种同时提供氧化剂和还原剂的化合物:

$$(NH_4)_2Cr_2O_7\text{(s)} \xrightarrow{\text{点燃}} N_2\text{(g)} + 4H_2O\text{(g)} + Cr_2O_3\text{(s)} + énergie$$
橙色   绿色

这种分解反应在达到 225 ℃后,会释放大量热能和氮气,由此可以解释残留物为何膨胀,此反应还产生三氧化二铬(Cr_2O_3)。

注:

1. 三氧化二铬,其实是掺入绿墨里印制美元的一种物质。

2. 得到的三氧化二铬通过铝热法能够转化成金属铬。

3. 浓硫酸（H_2SO_4）同高锰酸钾（$KMnO_4$）反应，同样能够制造化学火山，但这个反应操作起来非常危险。

糖类被称为碳水化合物的原因

演示

往烧杯里加入细砂糖至中间高度，然后小心加入约 40 ml 浓硫酸（H_2SO_4）。使用玻璃棒慢慢搅拌，观察到细砂糖逐渐变黑膨胀。

讲解

$$C_{12}H_{22}O_{11}(s) \xrightarrow{\text{浓 } H_2SO_4} 12C(s) + 11H_2O(l)$$
$$\text{蔗糖}$$

糖（蔗糖）被硫酸脱水，由此变成碳。这就是为什么把糖类分子式写为好像与"碳水化合物"有关的 $C_{12}(H_2O)_{11}$ 的原因。其实，蔗糖是一种二糖化物，连接两个异头碳原子的缩醛键将 α-D-吡喃型葡萄糖（"葡萄糖"）同 β-D-呋喃果糖（"果糖"）连起来。

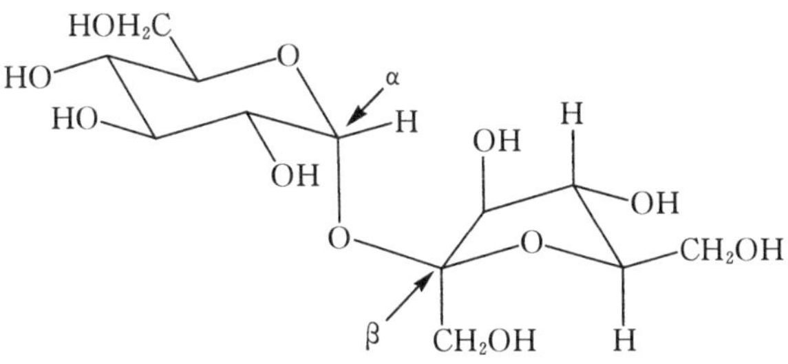

蔗糖

因此,蔗糖不是"还原糖"(参照 67~72 页)。

注:这个反应的原理其实较为复杂,因为伴随着气体的释放,如 CO_2,有毒气体 CO 和刺激性气体 SO_2。这个反应被多本化学书引用。此外,参观者在德国慕尼黑的科学史博物馆能够亲手操作这一实验。

尼龙的发明

演示

在容量为 250 ml 的烧杯里,将 2 ml 癸二酰氯 $ClCO—(CH_2)_8—COCl$ 溶解在 100 ml 二氯甲烷 CH_2Cl_2 中。然后在上方放一个容量为 125 ml 的滗析装置,其中装有 50 ml 含 1.1 g 己烷-1,6-二胺 $H_2N—(CH_2)_6—NH_2$,2 g 碳酸钠 Na_2CO_3 和一点酚酞的水溶液。让水溶液慢慢地、轻轻地流到更加稠密的有机相上,观察到两相非互溶,分界面有纤维产生,可以用玻璃棒将其绕起来,长度起码有 10 多米。这让人想到魔术师从礼帽里不断抽出的丝绸。

注:适当比例的二羧酸(此处为癸二酸,$HOOC—(CH_2)_8—COOH$)和亚硫酰二氯($SOCl_2$),外加一点 N,N-二甲基甲酰胺【或者二甲基甲酰胺 DMF,一种非极性溶剂,$HCON(CH_3)_2$】发生反应可获得氯酸。

讲解

界面缩聚反应化学方程式如下:

$$n\,H_2N-(CH_2)_6-NH_2(aq)$$

己烷-1，6-二胺

$$+\,n\,Cl-\overset{\overset{O}{\|}}{C}-(CH_2)_8-\overset{\overset{O}{\|}}{C}-Cl(CH_2Cl_2)$$

癸二酰氯

$$\longrightarrow$$

$$H\!\!-\!\!\left[\!NH-(CH_2)_6-NH-\overset{\overset{O}{\|}}{C}-(CH_2)_8-\overset{\overset{O}{\|}}{C}-\right]_{\!n}\!\!Cl(s)$$

聚酰胺纤维-6，10

$$+\,n\,Hcl(aq)$$

小贴士

杰出的美国化学家华莱士·休姆·卡罗瑟斯在杜邦公司完成了全合成纤维纺丝的制造，即众所周知的尼龙。这种聚合物无疑彻底改变了时尚界，1939 年圣弗朗西斯科世博会距离我们已经有些久远，但正是在那届世博会上第一双尼龙丝袜问世。当时只有杜邦公司的职员才能穿这种丝袜！

注：尼龙（Nylon）这个名字是由杜邦公司市场主管的建议而命名。他最初建议使用 Norun，意指用这种材料做成的丝袜是不脱丝的。然后改变元音字母的顺序，Norun 变成了 Nuron，在经过 Nulon、Nilon 之后，最终确定使用 Nylon 作为名字。

这些聚合物（聚酰胺）是由二胺单体和二羧酸单体分别含有的碳原子数目决定的。

趣闻轶事：

1. 通过一个不单独存在的物质获得它的聚合物？是的，这完全有可能。乙烯醇（$CH_2=CHOH$）不能单独存在，因为它会异构成为乙醛(CH$_3$—CHO)。但是乙烯醇的聚合物(PVA)的结构却很稳定。

2. 蜜蜂为了保持蜂蜜湿度,会分泌一种聚酯,即在蜂蜜外围形成一层完全闭合的薄膜。

3. 没有一个化学家可以用一种巧妙、简单而又恰当的方式合成像蜘蛛丝一样坚韧的聚合物材料。一些蜘蛛甚至可以吐出七种不同强度的丝!

4. 为了紧紧贴住它的外壳,贻贝会分泌一种和环氧树脂类似的物质,这种物质甚至在水中也可使外壳黏住。

其他化学魔术

首先我们回顾一下之前进行过的化学魔术:会吃鸡蛋的瓶子(P.14)、丁铎尔魔术(P.19)、小暖瓶中取大球(P.23)、化学喷泉(P.26)、消失的玻璃(P.29)、U形管(P.30)、飞艇爆炸(P.35)、法国色(P.43)、BR振荡反应(P.46)、蓝瓶之谜(P.49)、神奇粉(P.52)、荧光现象(P.60)、速制雌黄(P.78)、Old Nassau反应(P.79),以及阿拉丁神灯的秘密(P.82)。

现在我们来演示最后一个魔术:

金便士:如何将铜质硬币变成银硬币,甚至金硬币

示范讲解

将几颗锌粒放入1 mol/l的氯化锌溶液中,加热至沸腾。将一枚铜质硬币放入此溶液中,保持沸腾状态并持续加热约两分钟。我们会发现,这枚硬币变得银光闪闪;如果我们用钳子夹住这枚硬币,放在本生灯火焰

上微微加热，它则会变成一枚"镀金"硬币！

讲解

镀银硬币的产生是由锌在硬币上沉积而成。

$$Zn_{zn} + Cu^{2+}(aq) \longrightarrow Zn^{2+}(aq) + Zn_{Cu}$$

而"镀金"硬币的产生则是由于对硬币加热使铜和锌生成了一种合金，即黄铜，而黄铜的颜色酷似黄金。

表演即将结束时，将液态氮倒入一桶热水中，硬币则消失在浓浓"迷雾"中。

化学玩具

市面上充斥着形形色色的和化学相关的玩具,它们设计新颖,构思独特,激发着人们对化学这一学科的兴趣。我们将着重介绍以下几种:

这个神奇的小玩具外表呈鸟状,立于一水杯前,将喙置于水杯内饮水,然后抬头,饮水,再抬头,反复持续进行这一动作。

讲解

这个玩具实质上是一种构造简单的热机。鸭子体内装有二氯甲烷,头部被水浸润。由于蒸发作用需要吸收热量,因此当酒鬼鸭头部的水分开始蒸发时,这个部位的温度随之下降,而二氯甲烷蒸汽冷凝为液滴。冷凝作用产生的压力差使得二氯甲烷液体通过一根管道从鸭子腹部升至头部,鸭子的重心也随之改变。随着头部倾斜度越来越大,鸭子最终低头"饮水"。上述过程不断循环便形成了酒鬼鸭。

注:这种系统甚至被计划用来灌溉沙漠!

反应物:

-聚乙烯醇溶液:小心将 4 g 聚乙烯醇 $[—CH_2—CH(OH)—]_n$（100%

水解,分子摩尔质量大于 100 000)溶解于 100 ml 水中,用力摇匀,必要时可加热以加速溶解。

-硼砂溶液:溶解 0.4 g 硼砂($Na_2B_4O_7$—$10H_2O$)于 10 ml 水中。

示范讲解

在一个聚苯乙烯杯中倒入 50 ml 的聚乙烯醇溶液和 5~10 ml 的硼砂溶液,用一塑料小勺用力搅拌该混合物,顷刻我们便会发现神奇凝胶的生成。这种凝胶很具有黏性:用于塑模,即可塑成容纳其容器的形状;如放于桌子上,则铺开形成一层薄膜。

讲解

这个玩具的教育意义在于它所涉及的有趣化学概念。下列方程式解释了硼砂在水溶液中的水解过程:

$$B_4O_7^{2-}(aq) + 3H_2O(l) \rightleftharpoons 2BO_2^-(aq) + B(OH)_3(aq)$$
$$硼酸$$
$$etB(OH)_3(aq) + H_2O(l) \rightleftharpoons B(OH)_4^-(aq) + H^+(aq)$$

聚乙烯醇随后通过氢键与 $B(OH_4)^-$ 的四个羟基反应。这四个羟基指向一个四面体的顶点,因此形成一个三维的聚合网,所有的溶剂分子便被束缚在这个网络中(下图并未标出水分子)。

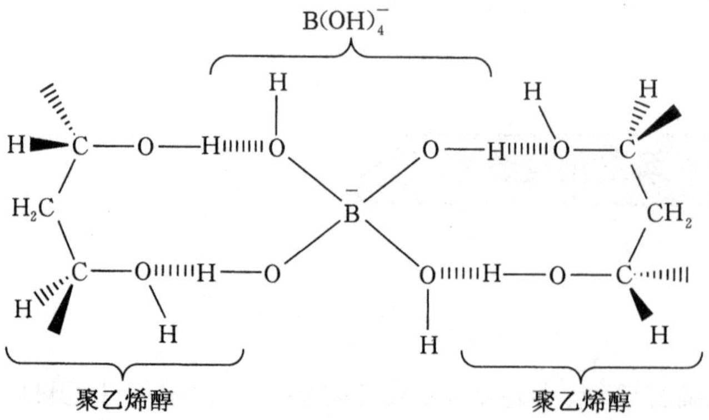

由于这些氢键不停地形成，断开，再形成，该凝胶才具有这种黏弹性。

注：

1. 利用其他方法也可生成凝胶，如使用 Sterno®①固体酒精。将 20 ml 醋酸钙$[(CH_3COO)_2Ca]$饱和溶液加入 100 ml 的乙醇（C_2H_5OH）溶液中，会立刻生成 Sterno 凝胶。

2. 随着人们对凝胶特性逐步加深了解，它的应用也越来越广。如果将一种黏弹性液体（如明胶）用搅拌棒搅拌，溶液将形成一个凹面，液体将沿旋转轴慢慢上升。这就是魏森贝格效应。

神奇魔术：小棒、瓶子和不粘砂

神奇小棒是一种中空的木棒，里面钻有一些肉眼看不见的小孔，并带有一个可拆卸喷嘴。喷嘴内可填充不同反应物，如碳酸钠（$NaCO_3$）。当我们用它搅拌无色液体，如含酚酞的水时（酚酞是一种酸碱滴定的指示剂），溶液会迅速变为红色，这是因为碳酸盐的水解使溶液呈碱性。

神奇瓶子：当我们试图倒出瓶子中所盛液体时，它看起来似乎是空的，然而里面却流动着溶液。

不粘砂（又名魔术砂，Magic Sand®），这种砂粒被一种彩色无极性的物质包裹，使得沙子能够不被水浸湿。为了说明此种现象，可以简单地将石松粉铺在手上，然后浸入水中，我们会发现当手从水中拿出后依旧是干的。

---

① Sterno 为固体酒精的一个品牌。——译者注

镍钛合金或记忆金属

Nitinol① 是一种镍钛记忆合金，其特性是能够记住它的最初形态。这种合金能够在加热导致彻底形变之后，回复至最初形状。这种材料的特殊功能是基于在一些特定的变态温度下，马氏体向奥氏体的转换。此类记忆金属的应用相当广泛，从牙齿矫形到发动机，都是利用了它在温度转变时的形变功能。

反弹物，肥皂泡和"法老蛇"

环保塑料玩具（Friendly Plastic®）实质上是一种热塑建模泥，DIY新颖橡皮泥（Bouncing Putty）是一种弹性油泥。相对跳橡皮圈魔术（Jumping Rubber②）和"跳盘"（Jumping Disks③）来说，我们将着重介绍"快乐球与不快乐球"（Happy and Unhappy Balls）："快乐球"由氯丁橡胶制成，因此会反弹；而"不快乐球"则由聚降冰片烯制成，它虽然与氯丁橡胶球（即"快乐球"）外观相同，但因为动能会在瞬间耗散，因此并不会

---

① Niti 是镍钛合金商标名；NOL 为 Naval Ordnance Laboratory 缩写，即美国海军装备实验室。20 世纪 60 年代在这里发现了此种合金。——译者注
② 一种利用橡皮圈弹性的指上魔术。——译者注
③ 某些双金属小圆盘由于热记忆和形状记忆属性会自动弹跳。将小圆盘置于硬质表面，潜能转变为动能因而跃起。——译者注

反弹。

　　说到肥皂泡,我们可以由此拓展许多概念,如界面现象、气体密度、二氧化碳的渗透性等等。

　　至于"法老蛇"实验①则是由著名化学家弗里德里希·维勒(Friedrich Wöhler)发明,他于1828年首次实现由无机反应物人工合成有机物,即人工尿素。"法老蛇"阐释了如何使用毒性很强的硫氰酸汞($Hg(SCN)_2$)和电石(CaC_2),并从潜在风险的角度提出了要小心操作这些高危物品。

 ## 闪烁镜:世上仅有的永动的益智玩具

　　这个玩具由英国著名物理学家与化学家威廉·克鲁克斯(William Crookes)于1903年发明。通过闪烁镜,我们可以在屏幕上观测到镭原子在放射性衰变时放射出的闪烁的α粒子(氦核)。这个维多利亚时代的经典科技玩具最近又重新流行起来,新版本更为准确和现代。闪烁镜实际上是一个小的圆柱管,一边放置一个放大镜,另一边是涂有硫化锌的荧光幕。荧光幕后面是放射性物质,如镅(Am)。我们可以通过观测荧光幕来观测仪器内部运动情况。当然,在此之前,眼睛需要几分钟来适应模糊。我们可以看到,在荧光幕的各个地方,大批的荧光点随机出现在一些原子衰变的相应时间里。这些荧光如果和天空中闪烁的星星比起来是瞬间的,但如果考虑到闪烁镜中放射性元素的半衰期(镅的同位素241的半衰期为432.7年),这些闪烁的荧光又是永恒的。

---

① 将硫氰酸汞化合物揉成一个蚕豆大的蛋状物,在室外将"蛇蛋"置于地上,用火柴点燃其头部,"蛇蛋"便会发烟放热形成一条黄褐大蛇。——译者注

爱运动的分子
及迷人的分子结构

绝妙的运动项目!

截至目前,15 000 000 多个化学分子通过化学人工合成而形成,在这些分子中有一些很有趣的分子,如冠醚"跳绳"现象。

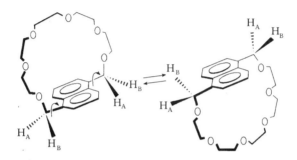

一般说来,由于氢 A 和氢 B 指向萘的方向不同,氢 A 和氢 B 是不等价的。我们可以通过核磁共振的 ^1H 氢谱来分辨这两个分子。然而,在它们的氢谱上只有一个信号,这说明这个分子在"跳绳",即氢 A 和氢 B 不停地相互转化。它们从一种构型转为另一种构型时,在核磁共振的时间标度上是相互等价的。

另一种冠醚则偏爱"棒接球"①。

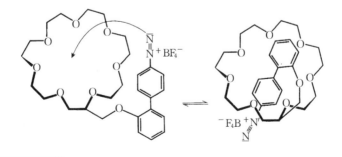

_____

① 棒接球为一种游戏,用长细绳将小棒和小球连接,将小球上抛,然后用小棒的尖端接住小球。——译者注

它的发明者将其称之为"鸵鸟络合物",因为它的分子式就像鸵鸟遇见危险时喜欢将头埋进沙子里!

其他分子则更适合做"瑞典体操",如五氟化磷 PF_5。这些氟原子分别位于三角双锥的五个顶点,三个在平伏位置,另外两个在顶尖,与平伏位置垂直。然而,^{19}F 的核磁共振图谱却只出现一个信号,这说明这五个卤素原子是完全等价的。原因很简单:因为这些原子很爱"运动"!

密歇根大学化学家贝瑞(R.S.Berry)认为,这类分子在以疯狂的速度做"伪旋转"。两个平伏位置的氟原子,如 $F_{(3)}$ 和 $F_{(4)}$,相互排斥直至它们之间的夹角变为180°,即这两个氟原子成为顶尖。同时,两个处在顶尖位的氟原子,$F_{(1)}$ 和 $F_{(5)}$,相互靠近直至夹角变为120°,即它们成为平伏位置的原子。此类循环使这五个(sp^3d)的杂化轨道完全等价。真是相当厉害的"体操"!

另外还有一些分子,它们含有的原子更喜欢"跳舞",如[3.3]对苯二酚便对柬埔寨舞蹈很有天赋!

在碱性条件下,出现在苯环上的卤素"舞蹈"也是一个典型。至于氘则喜欢闲逛,以便利用退化重排来实现它的异构。

"分子魔术"很好地说明了化学平衡的动态特性。

请回答在微碱性条件下，当分子 A 和分子 B 相互转换时，我们观察到的是哪一个分子？并做出合理解释。

注：甲基和乙基不可能因皂化反应互换位置，因为这个过程是不可逆的，而且根据新的发现，这不能解释酯基的重新生成。

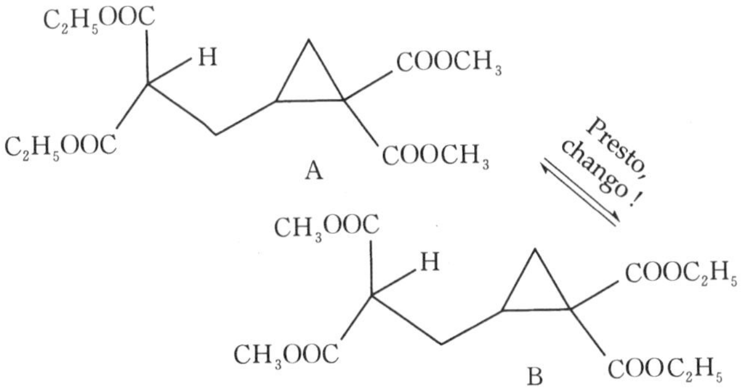

C_2H_5OOC
H   COOCH$_3$
C_2H_5OOC A   COOCH$_3$

CH_3OOC
H   COOC$_2$H$_5$
CH_3OOC B   COOC$_2$H$_5$

Presto, chango !

答案

C_2H_5OOC
H   COOCH$_3$
C_2H_5OOC A   COOCH$_3$

B:⁻   BH

C_2H_5OOC
: ⁻   COOCH$_3$
C_2H_5OOC COOCH$_3$

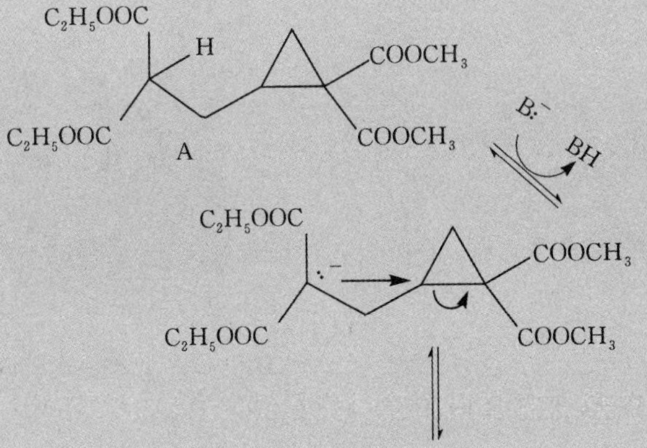

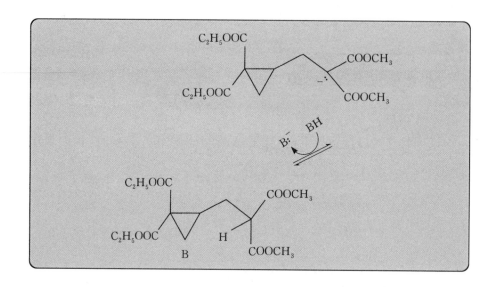

 瞬烯：一种流变分子

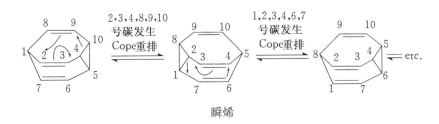

瞬烯

这种分子仿佛一只总是向前冲的公牛,不断发生价异构化。但同时它又保持着自身特性:Cope 重排之后,它有(10!)/3 种,即 1 209 600 种选择,上图仅列出了其中 3 种。每三个相邻的碳便可形成环丙烷,因此,所有位置都在相互快速地交换着,在 NMR 谱上所有的氢原子也就总是保持不变了。

正多面体型碳氢化合物及其他奇特分子

就像玩拼装组合玩具一样,有机化学家们发现了若干很有趣的化学合成物,并且他们开始尝试创造一些由碳键构成的正多面体的碳氢化合物。下面我们将举例介绍几个已经合成的碳四价正多面体型碳氢化合物:

四叔丁基正四面体烷

-四叔丁基正四面体烷,由二叔丁基乙炔和叔丁基顺丁烯二酸酐合成。

从构想到实验台

-立方烷分子在高温下"爆炸"为环辛四烯：

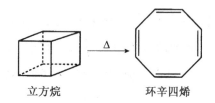

立方烷　　　　　　环辛四烯

-正十二面体烷由宝塔烷合成，化学式为 $C_{20}H_{20}$，至少允许 120 种对称操作。

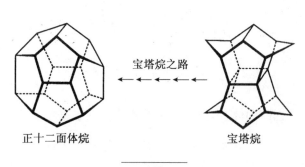

正十二面体烷　　　　　　宝塔烷

宝塔烷之路

除了碳必须是四价外,另一基本要求为碳不能连一个多键:也就是说碳相连的所有键都必须 sp^3 杂化,并且这些键都必须指向一个四面体的顶点。

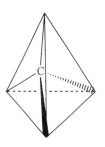

但有些分子并不遵守这些要求,如[1.1.1]螺浆烷以及[4.4.4.4]窗烷的一种异构体:

螺浆烷

桥头碳原子 C-1(和 C-3)则为这种类型:

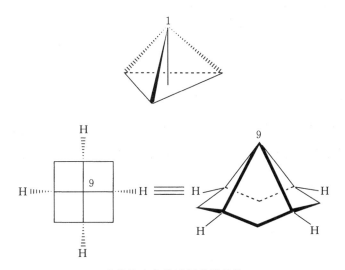

窗烷的金字塔形同分异构体

中心碳(C-9)则为这种类型:

苯环在一般情况下为了实现 p 轨道的重叠,完全在同一平面上运行,但有时也会出现不正常的结构。在下图[2.2]二环芬中,因为两个二甲基

桥像弹簧一样作用,苯环就必须折叠,从而不在同一平面。为了破坏对方的 p 轨道而形成自身的 p 轨道重叠,两个苯环相互影响,这种相互作用最终形成一个与正常苯环完全不一样的紫外光谱。

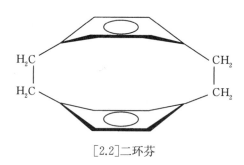

[2.2]二环芬

分子间的相似性

化学式相同但原子排列不同的两个化合物被称为同分异构体。因此可以通过相同官能团的不同位置来区分两个化合物,如正丙醇(CH_3—CH_2—CH_2OH)和异丙醇(CH_3—$CHOH$—CH_3);通过官能团的性质来区分,如醇类化合物(乙醇,CH_3—CH_2—OH)和醚类化合物(乙醚,CH_3—O—CH_3);通过碳链来区分,如戊烷(CH_3—CH_2—CH_2—CH_2—CH_3)和 2-甲基丁烷(CH_3—CH_2—$CH(CH_3)_2$)。

即使它们拥有相同的分子式和相同的原子连接,空间结构也会成为区分它们的另一种方式。当谈到四价 sp^3 碳形成一个四面体的这一天才理论时,我们总会想到勒贝尔(Le Bel)和范特霍夫(Van't Hoff),但事实上,当立体化学先驱巴斯特(Pasteur)发现分子的不对称性后,布特列洛夫(Butlerov)在 1862 年率先提出这一假设。

请写出 7 个化学式为 $C_2H_4O_2$ 和 10 个分子式为 C_3H_4O 的同分异构体。

答案

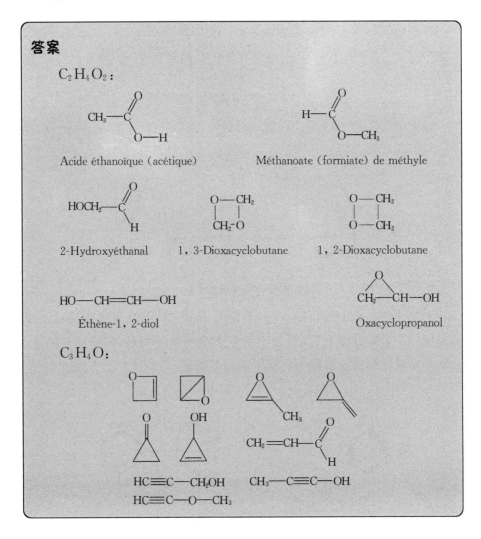

$C_2H_4O_2$:

Acide éthanoïque (acétique)

Méthanoate (formiate) de méthyle

2-Hydroxyéthanal

1，3-Dioxacyclobutane

1，2-Dioxacyclobutane

Éthène-1，2-diol

Oxacyclopropanol

C_3H_4O:

$HC\equiv C-CH_2OH$

$HC\equiv C-O-CH_3$

$CH_3-C\equiv C-OH$

当一个碳原子连有四个不同的取代基时,分子镜像无法与其重叠,我们将其称为手性物质,它与其镜像被称为对映体,这种物质具有光学活性。

在化学合成中,当立体异构体表现为等分子量的混合物时,我们将其称之为外消旋体(旋光性因这些分子间的作用而相互抵消,因而不具有光学活性)。这些立体异构体也可单独从混合物中分离出来。首个以两个对映体形式被分离出的单碳手性分子为氯碘甲基磺酸:

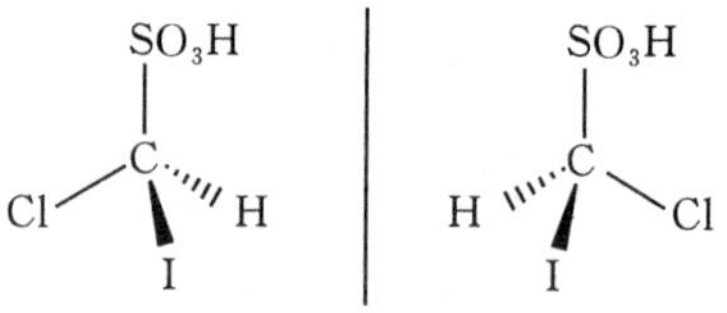

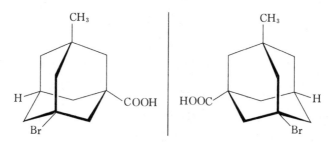

氯碘甲基磺酸

除此以外还有其他更为奇特的对映体,如 3-甲基-5-溴-金刚烷甲酸:

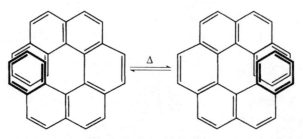

3-甲基-5-溴-金刚烷甲酸

七螺烯是另外一种特例:这一手性分子由一些苯环聚集在邻位上从而形成一个规则的螺旋形状,其中两个末端的苯环相对,即构成对映体。这两个对映体特殊之处在于热学上的相互转换。

七螺烯对映体的相互热转换

这种相互热转换令人称奇。为了颠倒它转换的方向,分子必须强制各苯环瞬间采取一种不寻常的构象。

手性现象不仅仅局限于碳元素,其他元素,如氮也是如此。它的第四个取代基是孤对电子。但一般来说,氮在常温下每秒能迁移 200 亿次电子对!

因此我们不能分离其对映体。而朝格尔碱则构成另外一种特例:由于氮原子被镶嵌在刚架中,因此棱锥形倒反不可能实现,从而混合物便能够被分离为两部分。

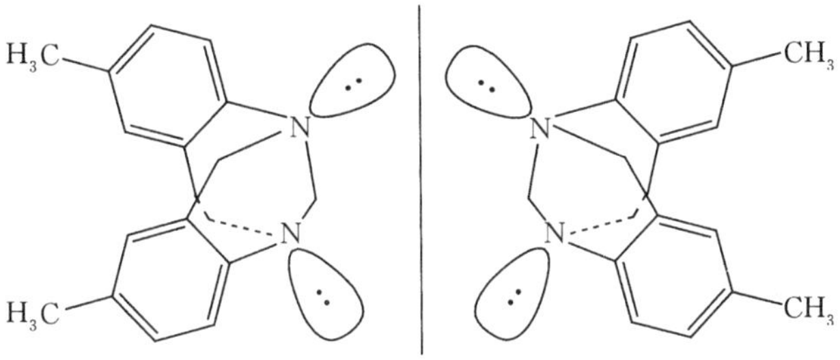

朝格尔碱对映体

小贴士

硫也是一种手性原子。药物化学家最近发明了一种用于治疗消化道溃疡的新药:质子泵抑制剂(IPP)。其中起主要作用的是能够抑制胃酸分泌的奥美拉唑,奥美拉唑是在硫上的对映体的外消旋混合物。

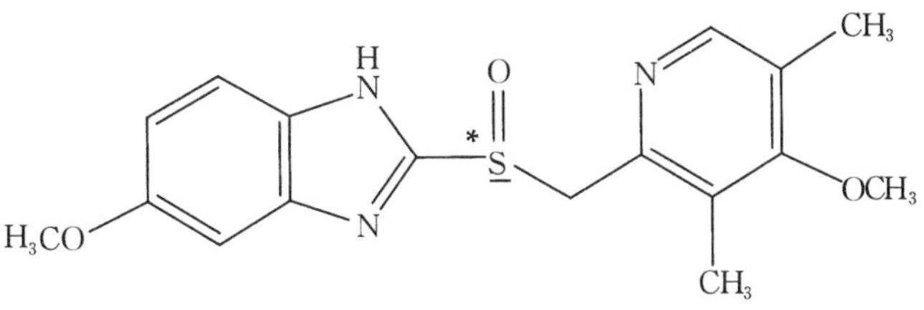

奥美拉唑

其中一个单独的对映体埃索美拉唑,因其在药物代谢动力学方面更具优势,最近已被投放市场。

右旋海螺　　　罕见的左旋海螺

注:

1. 日常生活中的许多物体都可解释立体异构体这一概念,海螺便是其中一种:这种贝壳类生物的螺纹大多呈右旋状(即顺时针);在孟加拉湾我们偶尔会发现螺纹为左旋的海螺,这种左旋海螺被称为密宗修法的圣器,因为在传说中,神毗湿奴便是在海底发现装有圣书的左旋螺。

2. 对映体的旋光性是指其中一个对映体朝左偏离偏振面某一个角度(左旋),而另一个则向右偏离同样的角度(右旋)。这个性质可以用偏振仪来测定。事实上,所有的单个分子,无论是手性还是非手性,都能导致在偏振面上的旋转。

旋转的方向与角度大小取决于当分子与光束相遇时对分子定位的精确度。在溶液中,这个光束数在任意时间都会与十亿个来自各个方向、拥有各种构造的分子相遇。因而,从统计学角度来看,当平面偏振光通过一种非手性分子的溶液时,光束总是有机会遇见两个方向完全相反的分子,也就是镜像关系。因此,由第一个分子造成的旋转会在光束遇到第二个分子时被完全抵消,最后不会产生任何相对于偏振面的偏移。这就是为什么我们说一个非手性分子不具有旋光性的原因。那么当偏振光穿过一种手性分子溶液,如氯碘甲烷磺酸的指定对映体,会发生什么化学反应呢?此次在溶液中不再存在和它方向相反的分子,即与其有镜像关系的分子,因为这样的对映体分子并不存在于此溶液中。因此,由这一种存在于溶液中的对映体造成的偏移并不能被其另外一种对映体抵消掉,从而造成最后得到的偏振面产生偏移:此物质具有旋光性。但是,如果在此溶液中加入另外一种对映体,使这两个对映体以等浓度形式存在,那么旋光度为 0:我们将得到一种外消旋体混合物。

1. 现有两个非手性的苹果,请将之切为两半,并构成两对对映体。

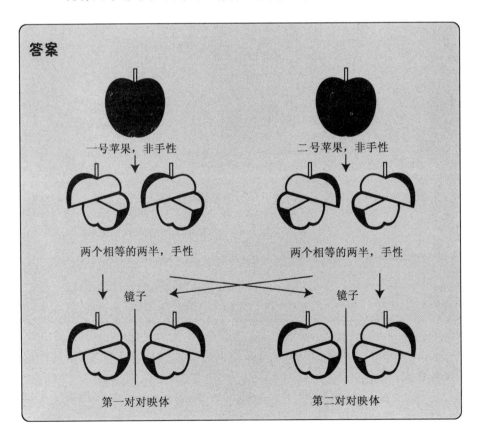

> 垂直切第一个苹果直至切到这个苹果的"赤道"平面位置。然后再切割这个苹果的赤道平面,分别切两个不相邻的四分之一份,且这两个"四分之一份"之间相隔90°,这样我们将得到两半完全一样的手性苹果。第二个苹果我们也采用相同方法,只是此次是切赤道平面上的另外两个"四分之一"份,然后我们又得到了两半完全一样的手性苹果。这两半分别是第一个苹果两半的镜像。

2. 顺-1,2,3,5-反-4,6-六羟基环己烷具有旋光性吗?

答案

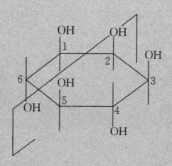

此分子具有镜像对称面,是一种内消旋型分子,因为内部抵消,所以不具备旋光性。

注:

同样道理,回文结构是指由于存在一个"对称平面",一个单词或单词集合可以从不同方向阅读,且结构形式与原来保持一致,如 étêté, kayak, un roc si biscornu, Sator arepo tenent opera rotas 等等①。

3. 一些研究人员在 1969 年宣布他们成功地合成了手性醋酸,请指出

---

① 我国的回文诗有异曲同工之妙,此种诗歌按一定法则将字词排列成文,回环往复都能诵读。如清朝诗人李旸所作"垂帘画阁画帘垂,谁系怀思怀系谁。"——译者注

这个分子的全称并画出它的两个对映体。

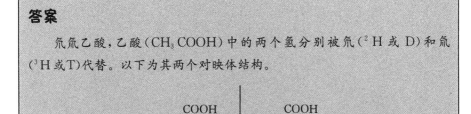

答案

氘氚乙酸,乙酸(CH_3COOH)中的两个氢分别被氘(^2H 或 D)和氚(^3H 或 T)代替。以下为其两个对映体结构。

问答游戏与化学狂想曲

问答游戏

没有比这种问题更能激发读者对化学的兴趣了！这些问答游戏涵盖了这门科学的方方面面，其中包括通过光谱学来识别有机分子。首先我们来做关于亲电芳香取代反应的小测试。

1. 写出一种由苯合成 1，3，5-三溴苯的方法。

答案

因为第一个加成上去的溴基会让之后的溴基加成在邻位和对位上，因此不能直接溴化苯环。以下为一种合适的解决办法：

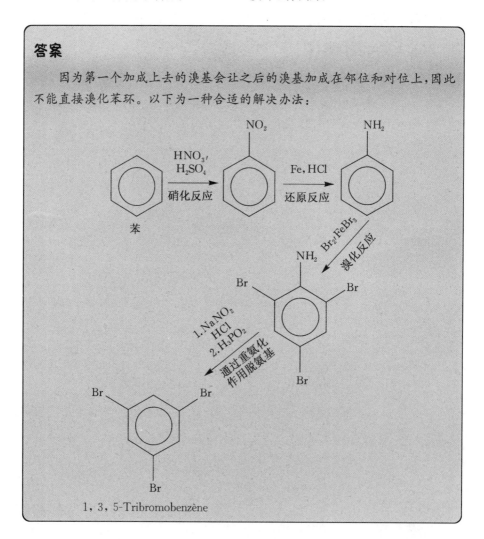

1，3，5-Tribromobenzène

2. 如何从苯甲酸中获取间硝基甲苯？

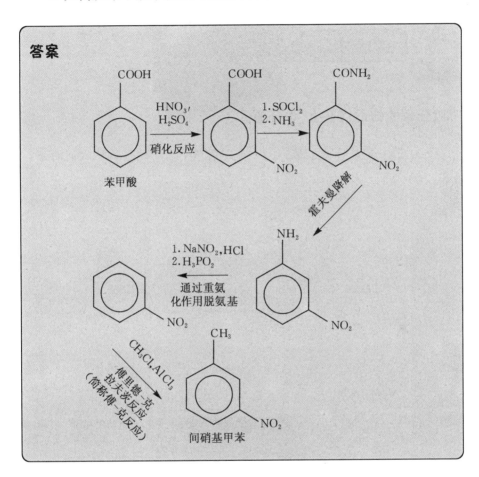

咪唑在碳 4 的取代基上,也在碳 5 上

为什么 4-硝基咪唑也被称为 5-硝基咪唑,4(5)-硝基咪唑因何而来?

讲解

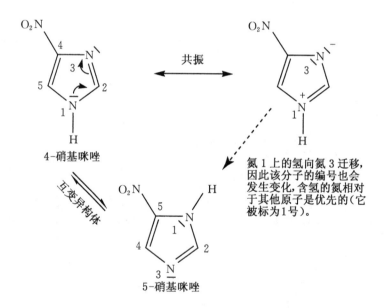

氢原子从一个氮原子转到另一个氮原子以及电子对的转移,引起了互变异构体平衡。这个取代基确实停在原位,但因为编号 1 始终应为连有氢的氮原子,所以分子编号顺序发生了改变。这意味着如果我们将氮原子相连的氢原子换成别的取代基,如甲基,我们将必然能够消除互变异构体,从而得到两个不同的异构体:如我们将取代基换成甲基,会得到 N-甲基-4-硝基咪唑和 N-甲基-5-硝基咪唑这两个不同的异构体。

还有更厉害的

此外还存在另外一种情况。辐照后杂环的取代基依旧保持其位置不变,但杂原子(以硫原子为例)自己在分子内部"散步"迁移,结果 2-氰基噻吩变成了3-氰基噻吩,而氰基虽然改变了连接点,但并没有脱离分子。

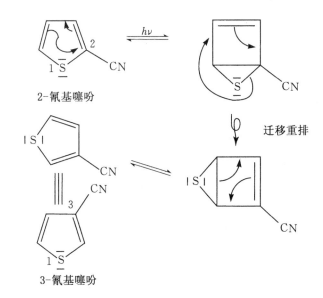

迁移重排

2-氰基噻吩

3-氰基噻吩

共振的基础概念

一些分子并不能只用一个路易斯结构式来表示,而需要多种方式。我们把它们称作该结构的混合共振,统称为共振式,如多孔菌酸。

这种特别的分子是从赭红猪苓菌中提取的,当这种酸放弃它的两个质子时(H⁺,或称为氢离子更合适),我们将得到一个阴离子,该阴离子含有的四个氧原子是等价的。

这两个极限结构是等价的,这也就是说,该分子带的负二价是流动的,它们被平均分配在了四个氧原子上,每个氧原子为−0.5价,这四个氧原子互相等价。

共振

很多分子的路易斯结构式并不等价。例如,异氰酸溶液(H—N=C=O)中总是含有氰酸(H—O—C≡N)。

它的共轭碱实际结构只有一个,该结构是由它的两个等价结构杂化而来,就像我们说犀牛是独角兽和龙的杂交①。我们也讲过其他相似例子来更好的理解这一概念。

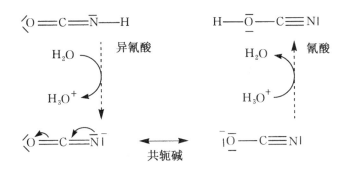

另一种情况也经常出现,即一个分子有一系列的路易斯结构式。下面这幅由杰拉尔德·费舍尔(Gérald Fischer)创作的图画便一目了然地阐释了这一概念。

奇怪的碱

阿伦尼乌斯(Arrhenius)认为,能够在水中释放氢氧根离子(OH^-)的分子就是碱,如 NaOH。这个定义很具有局限性,因为它仅限于水溶

---

① 在中世纪传说中,犀牛是龙和独角兽产下的后代,因为龙有两只角,独角兽有一只角,犀牛有一大一小两只角,可看做是龙和独角兽的折中。后加州大学罗伯特教授(Johnson D.Roberts)援引这种说法用来帮助人们理解化学共振现象。——译者注

液,此外,它也不能判定那些不含羟基的物质的碱性。生物碱就是这种情况,比如吗啡、罂粟碱。布朗斯泰(Bronsted)将碱定义为"能够接受酸性物质释放的质子的物质"。碱因为接受了酸提供的质子而成为其"共轭酸";而提供了质子的酸性物质,就变成了其"共轭碱"。以水为例,它的共轭碱即为 HO^-。

这里我们举一个碱的特例,其分子碱性比普通芳香胺强 1 000 倍,这就是苯胺(C_6H_5—NH_2)。

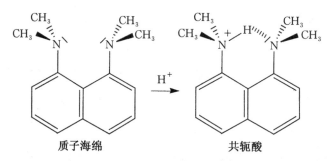

N,N,N',N'-四甲基-1,8-萘二胺。

奥德里奇公司(Aldrich)将这种分子运用于商业,并命名为质子海绵(Proton-Sponge®)。其超强碱性得益于分子内的空间位阻。每个氮原子上的电子对都不能和萘环反应,它们相互挤压,质子加成后得到的共轭酸非常稳定,这种稳定性其实是种特例。事实上,其结构之所以稳定,是得益于连接两个氮原子之间的氢键。

小·测试

下面分子结构具有超强碱性。

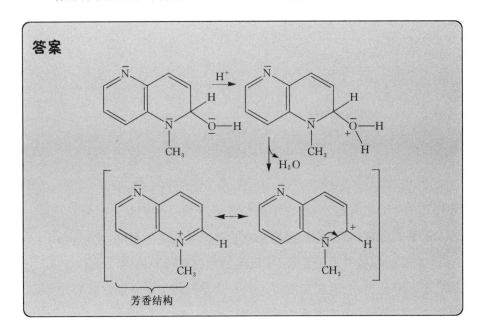

但奇怪的是,质子加成在羟基位置上(请勿混淆羟基和 NaOH 的氢氧根)。

请解释该羟基为何接受一个质子,而不接受氮原子?

请解释下面三个分子的相关联系,并指出它们是同质分子,对映异构体,还是非对映异构体?(非对映异构体是指那些不是互为镜像的立体异

构体,如顺式异构体相对于反式异构体而言)。

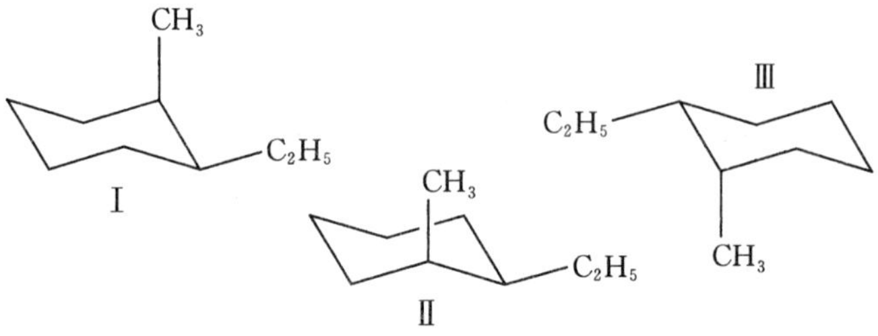

解答

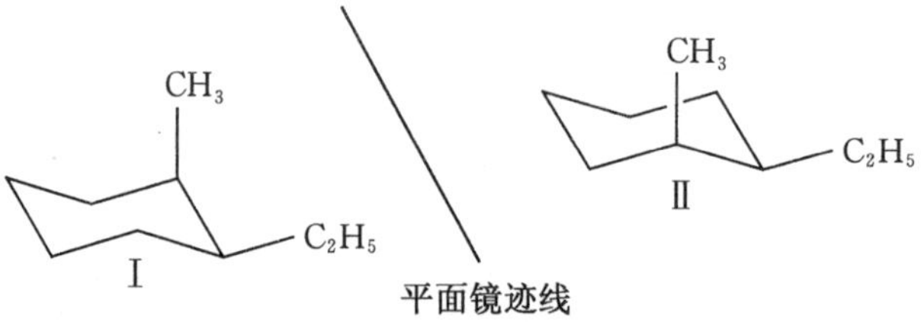

平面镜迹线

平面镜迹线

上述三个分子是椅式环己烷的顺式二烷基衍生物,在平伏位置上的取代基是体积略大的乙基,在轴向位置的取代基是甲基。尽管这三个分子全是顺式异构体,但他们并非互为非对映异构体。另外,我们很容易看到,Ⅰ和Ⅱ的镜像并不能重叠,所以他们互为对映异构体。

至于分子Ⅲ,它看起来既是Ⅰ的对映异构体又是Ⅱ的对映异构体,但显然这并不可能,接下来我们将上演一场精彩的"魔术"秀:

a) 如果我们将Ⅲ如图所示沿轴旋转180°,我们可得到Ⅱ。

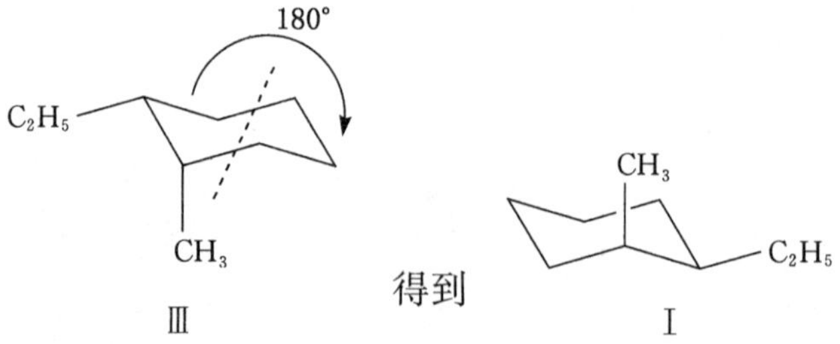

得到

b) 如果我们将此页书在同一平面内旋转 180°,即颠倒原来上下的顺序,下面变上面,上面变下面,反转后Ⅲ的结构又与Ⅰ一模一样!

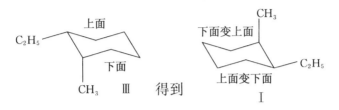

讲解

这个悖论是由光幻视引起的,它与环己烷的椅式构象有关。环中较高的那条水平线,我们可将其视为后面。我们将书页上下颠倒,除了造成取代基的上下颠倒外,也使较高的那条水平线变到较低的位置,即变到了前面。所以前述关于书页平面上的旋转,实际上是对所得结构的错误阐述。因此,所得到的Ⅲ并非与Ⅰ相等,而是和Ⅱ结构相等。

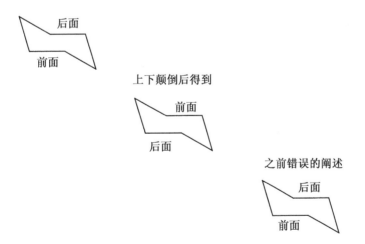

注:关于环己烷,我们必须知道,如果做一个反-1,4-二甲基环己烷的椅式分子模型,为了得到更稳定的构象,甲基应该在平伏位置,然而当我们使用船式来表达时,甲基则变到了轴向位置。

小贴士

关于分解模型，[x]-环炔烃是很有趣的一种分子结构，在环炔分子中，x 组乙炔基和 x 组甲基交替出现，使得该环的每一边都有一个三键。这也是为什么[6]-环炔烃被称为"分散环己烷"。

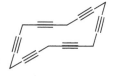

[6]-环炔烃 椅式构象

手性碳的绝对构型

20 世纪 50 年代，卡恩（Cahn）、英格尔（Ingold）和普雷洛格（Prelog）等人提出通过 R/S 标记来描述绝对构型的顺序，这套规则有时会招致批评之声。以下两则例子即说明了 R/S 标记概念与事实不符。

1) 亲核取代反应，见下图

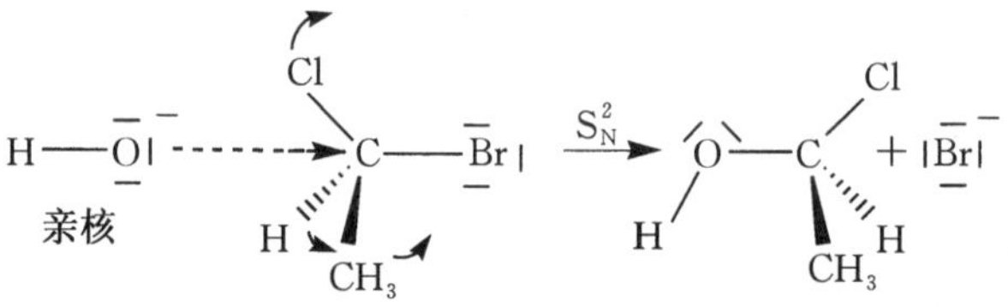

$$H\!-\!\overset{..}{\underset{..}{O}}I \cdots \overset{Cl}{\underset{\overset{|}{CH_3}}{\overset{|}{\underset{H}{C}}}}\!-\!Br I \quad \xrightarrow{\;S_N^2\;} \quad \overset{..}{\underset{H}{O}}\!-\!\overset{Cl}{\underset{\overset{|}{CH_3}}{\overset{|}{\underset{H}{C}}}} + I\overset{..}{\underset{..}{Br}}I$$

亲核

下面我们将确定反应物和生成物的立体中心的绝对构型。

解答

Br—Cl—C 排序呈逆时针方向，反应物中手性碳的绝对构型是 S；Cl—O—C 排序也呈逆时针方向，生成物中手性碳的绝对构型也为 S。因此这个反应涉及了构型转化，我们称之为"瓦尔登转化"。

注：很多模型都证实了瓦尔登转化，因为这种转化过程好像一把伞遇到暴风而翻转一样，因此有时也被称为"伞翻转"。

2）费歇尔投影式是一种反应碳四面体的标准表达模式，是指用平面式来表示分子的立体结构，所有键呈横向或竖直排列，分别相连碳原子和其取代基。横线代表键朝向纸前方，竖线代表键伸进纸后方，横线和竖线的交点则代表一个手性碳原子。此外碳链纵向排列，氧化态较高的基团位于最上端。费歇尔投影式是分子和球棒模型按规定方向投影到纸平面上。如 α-氨基酸，当 C_2 相连的氨基(NH_2)在左(右)边，它就是 L(D)-α 氨基酸。通过下图我们可以看到，在这两个 L-氨基酸中，基团在空间中的指向完全一致。

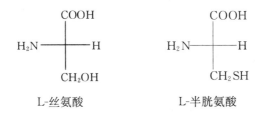

L-丝氨酸   L-半胱氨酸

请分别确定上述两个氨基酸立体中心的绝对构型。

解答

L-丝氨酸立体中心的绝对构型是 S，(按 N—C，COOH—C，CH_2OH—C 顺时针方向顺序排列，但 H 位于前方)；相反，L-半胱氨酸立体中心的绝对构型是 R，(按 N—C，CH_2SH—C，COOH—C 顺序逆时针方向排列，H 依旧位于前方)。这个结果似乎并不合适，因为事实上这两个立体中心的空间指向是一致的(L 系)。

注：为了说明绝对构型在物质旋光性(如药理学)方面的重要性，我们引入"钥匙和锁"的概念。借助一个简单的实验，我们可以选择通过嗅觉来辨别 R 与 S 对映异构体的差别。立体异构体 R(R-香芹酮)会散发葛缕子的味道，而它的镜像物立体异构体 S(S-香芹酮)则会散发绿薄荷的味道。此外，外激素的分泌也可用"钥匙和锁"来解释。

莫比乌斯带

德国数学家奥格斯特·莫比乌斯（August Möbius）发明了莫比乌斯带，它的特殊之处在于只有一个面，也只有一个边。想要更好的理解莫比乌斯带，最简单的方法是剪一段约为 30 cm × 2 cm 的纸带，将它沿轴旋转半圈再把两端粘上。如果用铅笔从莫比乌斯带上任意一点开始，沿着曲面画线，我们可以发现，当我们回到起点的时候，铅笔甚至没有提起来过，但是"两个"面都被画上了标记。

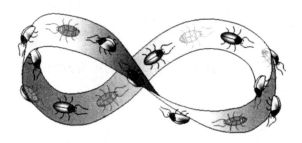

在化学上也可设计一个莫比乌斯带，如下图所示的呈标尺状分子结构（该分子为氧化聚乙烯）。

它的两条含有 30 个原子的分子链由 3 个碳-碳双键连接，端点 α 和 ω 形成双环，这样成环之后我们主要得到了以下三种物质：

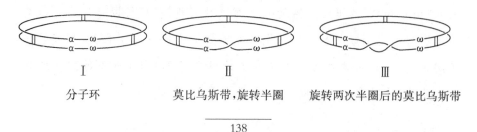

I	II	III
分子环	莫比乌斯带，旋转半圈	旋转两次半圈后的莫比乌斯带

如果用 O_3 来打断碳碳双键,通过还原反应使 C=C 变成 C=O 和 O=C,即对上述对Ⅰ、Ⅱ、Ⅲ进行臭氧分解会产生什么结果?

解答

-臭氧分解分子Ⅰ,合乎情理地得到了两个互相脱离的单环。

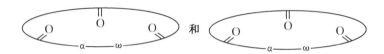

-臭氧分解分子Ⅱ,得到了一个半径为之前莫比乌斯带半径二倍的环,因为它含有莫比乌斯带的所有原子。(可用莫比乌斯纸带亲自验证)

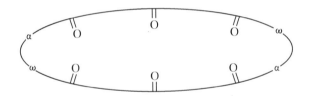

-臭氧分解分子Ⅲ,我们得到一个[2]-环连体。即两个环形分子,就像链子上的两个锚链。我们用[2]-环连体来表示。(可用 2 次半旋转的莫比乌斯带验证)。

-即使不知道一个环中直链的"穿线"方法,我们也可以合成一个[2]-环连体。

化学中的"道"

韩国国旗的太极图案在道教中代表终极统一,即对立面共存的基本概念。该标志是由阴阳鱼形环转相抱而拼成的一个圆形太极图:白色代表阳性;黑色代表阴性。它展现了两种相反力量以和谐的方式相互补充成为一个整体。这也是为什么尼尔斯·玻尔(Niels Bohr)选择太极图案来提出"对立即互补",也正是他提出了电子既具有粒子性也具有波动性。

下面请解释太极图案为何能作为理论依据来阐释以下概念:

1.原子结构;

2.离子化合物的形成(如 Na^+Cl^- 上标未注);

3.元素周期表;

4.酸碱质子理论中对酸和碱的定义(布朗斯特-劳里酸碱理论);

5.氧化还原反应;

6.双分子亲核取代反应(S_N2);

7.弱酸与强碱的滴定。

解答:

1.所有的中性原子都由等量的正质子和负电子构成。

2.晶格是以带相反电荷的离子的共存形式构成的。每一个 Na^+ 对应一个 Cl^-。在形成 NaCl 的过程中,Na 失去一个电子变为

Na^+,而这个电子则被 Cl 捕获从而变为 Cl^-。这样的电子转移互补性可以使每一个原子变成一个具有与惰性气体相似的电子结构(等电子)的离子。

3. 太极图可以让我们想到为何金属与非金属被分别放于周期表两侧。此外,在有水条件下,金属氧化物可转变为碱,而非金属氧化物会转变为酸。

4. 根据酸碱质子理论(布朗斯特-劳里酸碱理论),酸向接受体(我们称为碱)提供 H^+,而碱则会接受来自酸的 H^+。

5. 氧化反应是指失去电子的反应,而还原反应则是指得到电子的反应。氧化还原反应包括电子从还原剂转移到氧化剂的过程。同样原理,酸碱反应是指氢离子(H^+)从酸转移到碱的过程。

6. 在 SN2 反应中,碳分子(C)的总量保持不变(物料守恒),但是随着反应进行,基团分子浓度降低,而产物浓度随之升高,且构型发生翻转。

7. 当我们用强碱(NaOH)滴定弱酸(CH_3COOH)时,"CH_3COO"总量不会发生变化。但随着反应进行,CH_3COOH 分子量随之减少,而它所对应的盐 CH_3COONa 随之增加。同样,如果逐次向 1 mol CH_3COOH 中加入适量 NaOH 会得到以下生成物,如 0.4 mol CH_3COONa/0.6 mol CH_3COOH;0.5 mol CH_3COONa/0.5 mol CH_3COOH;0.6 mol CH_3COONa/0.4 mol CH_3COOH。根据亨德尔—哈塞尔巴尔赫方程(Henderson-Hasselbalch):$pH = pKa + \log Ms/Ma$(这里 $pKa = 4.74$),可以得出 pH 值分别为:4.56,4.74 和 4.92。这就是缓冲溶液现象。

夏洛克·福尔摩斯和赫尔克里·波洛

许多具有洞察力的英雄神探都借助化学知识来解开各种各样的神秘谋杀案,如阿瑟·柯南·道尔及阿加莎·克里斯蒂所塑造的人物,又或者《007》中的詹姆斯·邦德。此外,哥伦布中将的一些细微调查也出现在文学作品中。随着科技迅猛发展,我们接下来也将进行一系列侦探活动。

失去标签的瓶子

在化学用品储藏室中有三个瓶子,掉在地上的三张标签分别注明1,2-二氯苯、1,3-二氯苯、1,4-二氯苯。

通过亲电取代反应在这三个同分异构体上添加另一个氯基(Cl),我们发现第一个瓶子中生成三种不同的三氯取代物;第二个瓶子中只生成一种三氯取代物;而第三个瓶子中生成了两种不同的三氯取代物。请重新给这三个瓶子贴上标签。

解答:

-1,2-二氯苯会生成2种三氯取代物,因此注有1,2-二氯苯的标签应贴在第三个瓶子上。

-1，3-二氯苯会生成 3 种三氯取代物。因此注有 1，3-二氯苯的标签
应贴在第一个瓶子上。

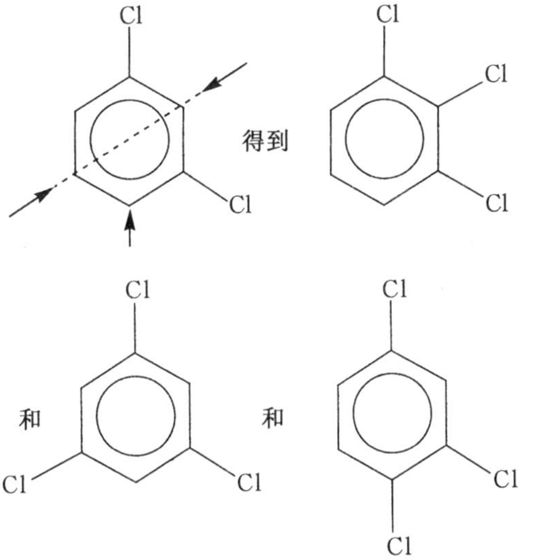

-1，4-二氯苯仅生成 1 种三氯取代物，因为它是完全对称的。所以
1，4-二氯苯标签应贴在第二个瓶子上。

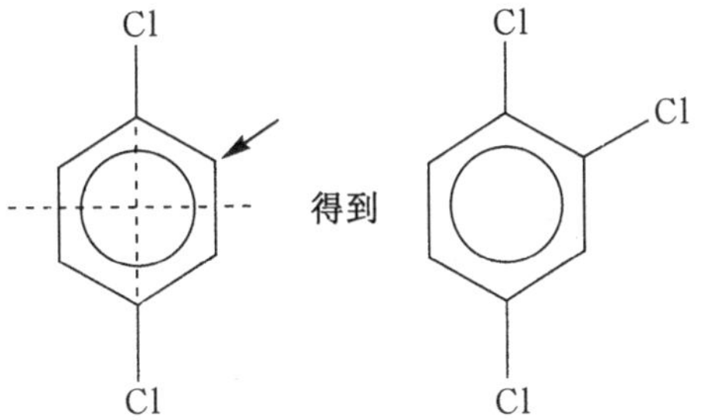

注：

"九个瓶子的问题"（The N-bottle Experiment）也是理解定性分析化
学的一个难题。

研究多肽的一级结构能够帮助调查中毒事件

为了理解多肽的一级结构，即理解构成这个多肽的氨基酸的排列顺

序,我们需要进行以下操作:

1. 在 6 M 的盐酸(HCl)中彻底水解多肽(需回流装置)。此过程需 24 个小时。通过色谱法分离这些氨基酸,然后通过茚三酮反应分别识别这些氨基酸并得出它们的比例。我们将发现从可怕的蛇毒中分离出的多肽含有:10% 的 L-丙氨酸(Ala),20% 的 L-精氨酸(Arg),20% 的 L-甘氨酸(Gly),10% 的 L-亮氨酸(Leu),10% 的 L-赖氨酸(Lys),20% 的 L-蛋氨酸(Mét),以及 10% 的 L-丝氨酸(Sér)。

   分子式如下:

   $$(Ala, Arg_2, Gly_2, Leu, Lys, Mét_2, Sér)_n$$

2. 当 $n=1$ 时,这个多肽的摩尔质量为 1 100 g/mol。

   分子式如下:

   $$Ala, Arg_2, Gly_2, Leu, Lys, Mét_2, Sér$$

   因此,这是一个十肽(其理论摩尔质量为:1 106.5 g/mol)。

3. 用标记法来确定这个十肽的 N-端氨基酸,如桑格试剂(2,4-二硝基氟苯),显示出 N-端氨基酸是丝氨酸(Ser)。

4. 通过羧肽酶识别 C-端氨基酸,显示结果为甘氨酸(Gly)。

5. 最后将此多肽分割成许多短的肽链,通过埃德曼降解法来识别这些短肽链的氨基酸排列顺序。分割肽链需要通过以下两种试剂实现。

a. 胰蛋白酶:它单一催化水解由精氨酸(Arg)或赖氨酸(Lys)的羧基构成的肽键的反应。由初始十肽我们得到:

   $$Sér—Ala—Arg, Gly—Gly, Arg—Leu—Mét, Mét—Lys$$

b. 溴化氰:它能够分裂由蛋氨酸的羧基构成的肽键。

因此通过初始十肽我们得到：

Sér-Ala-Arg-Mét，Mét—Arg—Leu，Gly—Gly—Lys

请根据以上结果，确定这个多肽的一级结构（即氨基酸排列），并证明答案。

解答：

一级结构为

(H_2N)—Sér—Ala—Arg—Mét—Leu—Arg—Mét—Lys—Gly—Gly—(COOH)

原因在于：

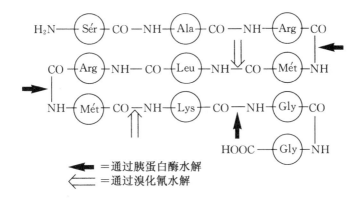

注：

赫尔曼·费歇尔（Hermann Emil Fischer）于 20 世纪初建立了醛糖的相对构型，尤其是 D-葡萄糖的构型。他结合所做实验对结果进行了逻辑说明，特别对产物的旋光性进行详尽阐述，这项研究使他获得了 1902 年化学诺贝尔奖。

化学集成曲

发掘新事物(Sérendipité)

　　"Sérendipité"这个奇怪的词诞生于 1795 年,源自一本讲述波斯王子的小说《三个锡兰王子》。在小说中作者霍勒斯·沃波尔描述了三名来自锡兰(古斯里兰卡旧称)的王子,他们洞察力敏锐,并有不断的意外欣喜发现。因此"Sérendipité"一词具有"发掘新事物"的意义。化学这一学科更是为这个词添加了新的注解,接下来我们将列举其中一些:

　　——尿素的合成:尿素原为一种天然的有机分子,但维勒于 1828 年利用无机物质成功合成了人工尿素。这位伟大的化学家本想用氰酸钾($KOCN$)和硫酸铵($(NH_4)_2SO_4$)合成氰酸铵(NH_4OCN)。虽然通过复分解反应成功获得了氰酸铵,但铵根离子和氰根离子却消失了:它们分别水解为氨(NH_3)和氰酸($HOCN$),后者可以异构为异氰酸($HNCO$),而异氰酸能够立即吸引氨(NH_3)上的孤对电子。如下图:

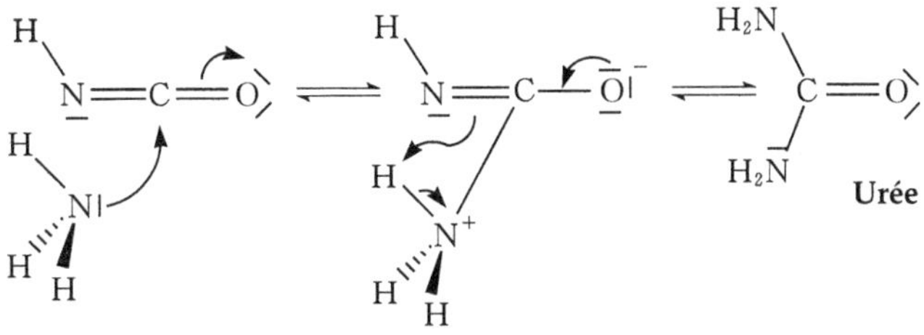

$$ \text{(见图)} $$

这一发现证明了活力论[①]的错误,后者认为在合成有机物时必须需要"生命力"。

　　——甜味剂合成的发现实为巧合:1879 年法利德别尔格(Fahlberg)

---

① 活力论指关于生命本质的一种唯心主义学说。——译者注

和雷姆森(Remsen)发明了糖精；1937 年斯维达(Sveda)发现了甜蜜素；而施拉特(Schlatter)则在 1965 年发现了阿斯巴甜。

——药物的发现：1928 年弗莱明(Fleming)发现了青霉素，1963 年艾迈德(Eymard)发现了抗癫痫药物丙戊酸，1968 年罗森博格(Rosenborg)发现了金属抗癌药物顺铂……

——聚合物的发现：1906 年贝克兰(Baekeland)发现了酚醛树脂，1938 年普伦凯特(Plunkett)发现特氟龙；1951 年福勒(Fowler)和丹尼逊(Denison)发现了聚氧化乙烯……

对话、故事及图像比喻

对话和寓言故事是理解化学概念的好帮手，除此以外图像比喻也具有同样功能：德加的两幅画《阿拉伯风格的谢幕》和《调整舞鞋的舞者》完美的对应了纽曼投影式中的交叉式与重叠式。此外由美国俄亥俄州莱特州立大学约翰·弗特曼(John J.Fortman)所创作的另一系列画作（Ⅰ～ⅩⅢ）也引起了我们的注意：这些图像直观地说明了平时容易被误解的概念。漫画或连环画也从不同方面阐释化学现象。在墨西哥蒙特雷市甚至有一家微缩蜡像博物馆，里面再现了影响化学进程的伟大情景。

拼图和填字游戏

在这部分，化学开始变得愈发有趣：扑克，多米诺骨牌，拼图游戏和填词游戏让化学变得更具吸引力。如由阿根廷 Paul Sellers 所发明的 Ding-bats 游戏便是一种猜词游戏,以下图为例:

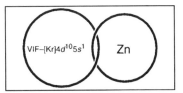

答案:

1. 淬铁

2. 汞膨胀

3. 由于单糖发生水解和旋光改变而生成的转化蔗糖。

4. 一种汞锌合金,即化学还原剂锌汞齐,由浓盐酸浸泡处理获得。

此外猜词游戏也有益于加深理解化学概念,下面就请填写下图。

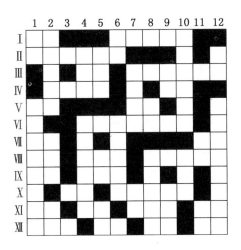

填字游戏

横向

I. TJ："一兆焦耳"的符号，气体压缩性定律也是以焦耳(Joule)和马略特(Mariote)神父的名字命名的。

II. Cowper：热风机，一种能回收利用高炉气体所产生热量的仪器。

O：元素符号，是自然界中含量最丰富的元素。

K：一种碱金属元素符号，在本生灯火焰上会显示薰衣草蓝。

III. U：原子质量单位。

Px：氮原子三个正交原子轨道之一。

Frasch：著名化学家，成功发现提取硫和提炼富含硫的石油(臭鼬油)的方法。

IV. LUMO："最低空轨道"的英文字母缩写。

R：用来判定手性碳原子绝对构型的两个字母之一。

Ti：元素符号，该元素氧化物可用来做成白色染料。

V. Ge：元素符号，该金属可用于制造半导体。

OM："分子轨道"的缩写。

N：元素符号，名字含义为"不能维持呼吸"或"不能维持生命"。

E：用来判定非对映异构体是顺式或反式的两个字母之一。

VI. U：元素符号，它的一种同位素可以裂变，但另一种同位素的含量比较丰富。

Methane：一种气体，也称为沼气。

I：元素符号，是一种可升华的卤素。

VII. Er：元素符号，以发现地瑞典小镇伊特比命名。

E：一个前缀符号，将其放于一个单位前，表示该单位乘以 10^{18}。

e：小写时表示自然对数的底数。

Ac:一种放射性金属元素符号,位于 f 区,是一系列元素代表,如镧系元素。

Ⅷ. UE:过去用来表示一个热力学函数数值的缩写,现在的单位是 J/K。

TNT:一种炸药的缩写,属于甲苯衍生物。

Cyclo:前缀,指一个碳氢化合物在失去两个氢原子后形成的闭合碳链。

Ⅸ. La:一种稀土金属元素符号。

Air:地球上的大气,主要由氮气、氧气和极少量其他成分的气体构成。

O:元素符号,舍勒和普利斯特里于 1773 年和 1774 年先后独立发现这种元素。事实上在此大约两世纪之前,荷兰人科内·范·德雷贝尔(1572—1634)在构想潜水艇过程中便已成功制备了这种元素。

A:H 代表由核聚变引起的氢弹(bombe),而这个字母 A 代表由核裂变引起的原子弹。

S:熵符号。

Ⅹ. A:测量电流强度的单位符号。

Au:元素符号,为了提取该元素有时需使用"淘金盘"。

Aldol:在碱性条件下,两个在 α 碳上连有氢原子的醛所发生的冷凝反应的产物。

a:一个前缀符号,将它放在一个单位前,表示该单位乘以 10^{-18}。

Ⅺ. Rn:一种放射性稀有气体元素符号。

Xe:一种元素符号,其原子核含有 54 个质子。

FeS:硫化亚铁的化学式。

Sn:一个元素符号,该元素会发出声响甚至引发"锡疫"。

XⅡ. DCl：氯化氘的方程式。

VA："伏安"的符号。

Se：元素符号，名字意为"月亮"，这种非金属主要用于制造光电元件。

Re：元素符号，在元素周期表中该元素位于钨的右边。

纵向

1. Tc：第一种人造元素符号，其电子排布为$[Kr]4d^6 5s^1$。

   Gueulard：高炉上方的开口，我们通过它加入矿石、溶剂和燃料。

2. Joule：相当于 0.238 卡的热量单位。

   REA："转换"的同义词的前三个字母。

   NC：腈基的化学式。

3. W：元素符号钨。

   U：内能的符号。

   A："质量数"的符号。

   L：当用费谢尔投影式表达糖分子时，如果它标号最高的手性碳原子相连的氢原子在左边，此糖分子便属于 L 系列。

4. PPM："低浓度"的缩写。

   Metaux：此类元素易失去电子。

5. Exo：用来描述 Diels-Alder 反应（又称双烯加成）所生成的二烯聚合物种类的两种修饰语之一。

   e：小写时可表示一个电子。

   Ni：化学符号，该元素和二甲基乙二肟反应生成红色沉淀。

   ev：在核物理学上用于表达能量的单位符号。

6. Br：化学符号，该元素以深红色液体的形式存在。

   Tetra：前缀，在命名中表示"四"。

   A：希腊字母，表示旋光度。

7. O：一位德国学者名字的首个字母，因其在催化剂和反应速率上的成就而获得 1909 年诺贝尔化学奖。

   FrOH：氢氧化钫的方程式。

   LF：低温发酵酒的英文缩写。

8. Y：一种元素符号，该元素原子含有 39 个电子。

   R：理想气体常数。

   MA：酸 HA 和碱 MOH 发生中和反应所生成的盐。

   Codes：通过遗传密码 DNA 分子才能将其携带的遗传信息转录给 RNA 分子，从而生成蛋白质。

9. L："升"的符号。

   At：一种放射性卤素元素符号。

   N：氮的化学符号。

   Y：只存在于男性体内的性染色体。

   Ose：后缀，构成糖的名字。

10. Eosine：溴和荧光素生成的红色染料。

    Cal：相当于 4.185 焦耳的热量单位符号。

11. C：最近该元素的一种新的晶体形态（我们已获知两种）被克罗托、史沫莱和克尔博士发现。这种新形态属于富勒烯家族，状似足球。为向建筑师巴克明斯特·富勒所设计的由五边形和六边形连接而成的圆顶建筑致敬，他们将这种新的形态命名为巴克明斯特·富勒烯。

    AL：表示醛基的前缀。

    Sr：一种元素符号，其硝酸盐可用于在烟花中制造深红火焰。

12. KH：氢化钾的方程式。

    Eicosane：一种含有二十个碳原子无支链的烷的旧名称。后来它的第一个字母被省略。

化学趣味实验

答案

	1	2	3	4	5	6	7	8	9	10	11	12
I	T						B	O	Y	L	E	
II	C	O	W	P	E	R				O		K
III		U		P	X		F	R	A	S	C	H
IV		L	U	M	O		R		T	I		
V	G	E					O	M		N		E
VI	U			M	E	T	H	A	N	E		I
VII	E	R		E		E					A	C
VIII	U	E		T	N	T		C	Y	C	L	O
IX	L	A		A	I	R		O		A		S
X	A			A	U		A	L	D	O	L	A
XI	R	N		X	E		F	E	S		S	N
XII	D	C	L		V	A		S	E		R	E

质感分子：
奇妙的分子美食学

第五种基本味道

目前为止,我们通常说有四种基本味道(即酸、甜、苦、辣)。在食物中,这些基本味道会根据不同比例和强度加以混合,从而使我们在每一次咀嚼中产生特定的味道。实际上,还有第五种被称为"umami"的滋味,从而使整个味觉系统更加丰富。这个词由日本的池田教授发明,我们可将之译为"鲜味"。其味道便来自味精(谷氨酸钠)[GMS,HOOC—CH_2—CH_2—$CH(NH_2)$—COO^-NA^+],即一种从干裙菜汤中分离出的氨基酸。此后谷氨酸钠在东方人的厨房里作为一种香味添加剂广泛使用。实际上,当我们品尝某种食物时,味觉通过味蕾而被感知,而灵敏的嗅觉则通过时间起作用。就像当我们闻一种精致的香水时,挥发性最强的分子,即最小的分子,会首先被感觉到。只有到咀嚼的时候其他的分子才能够挥发并到达鼻管。当然,化学家们已经成功地识别出产生食物味道的一系列主要分子。同样,遍观植物王国,异戊基醋酸盐(Acétate d'isopentyle)形成了香蕉的味道,邻氨基苯甲酸甲酯(Anthranilate de méthyle)则是产生橙花油馨香的分子等等。至于分子浓度小于十亿分之一(即 $1/10^9$)的 2-(4-甲基环己-3-烯基)丙烷-2-硫醇则赋予柚子这样解渴的香味!此外将极小量的 2-甲氧基-3-异丁基吡嗪稀释进一个符合奥运会规格的游泳池中,就使其散发一种非常纯正的青椒味道。

异戊基醋酸盐

$$CH_3—C(=O)—O—CH_2—CH_2—CH(CH_3)_2$$

邻氨基苯甲酸甲酯

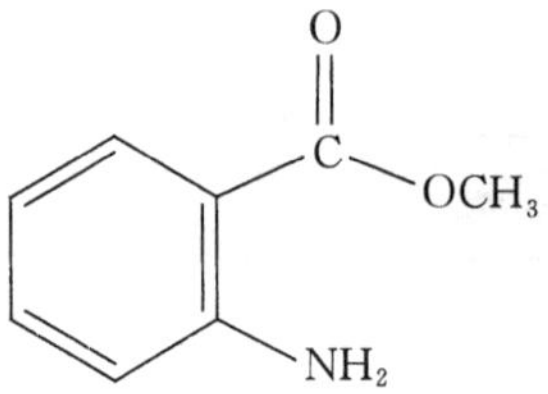

2-(4-甲基环己-3-烯基)丙烷-2-硫醇

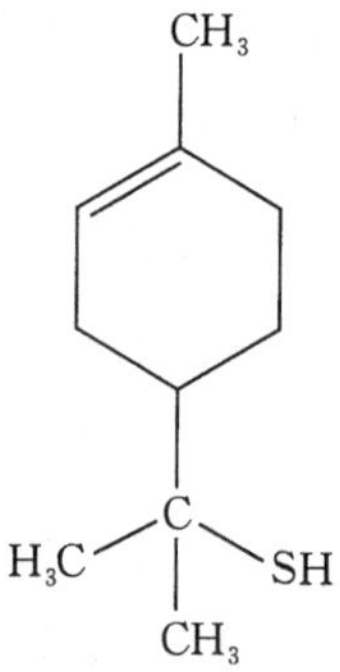

2-甲氧基-3-异丁基吡嗪

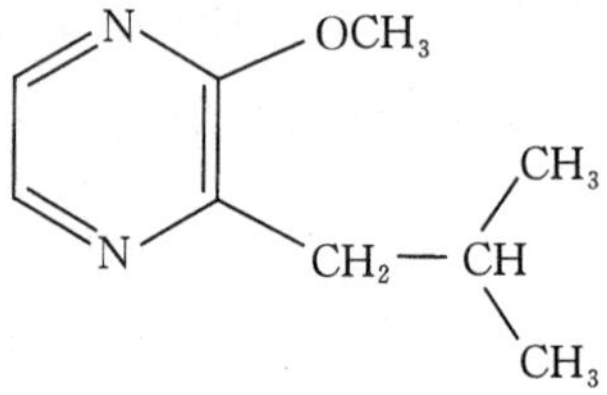

·小·测试

1. 3，3-二甲基-2-丁酮和从樟树中提取的樟脑具有完全相同的味道。下面为这两种分子结构：

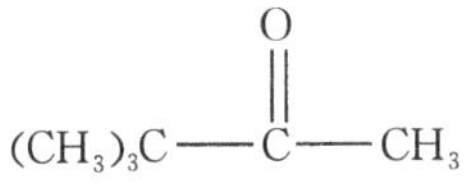

片呐酮 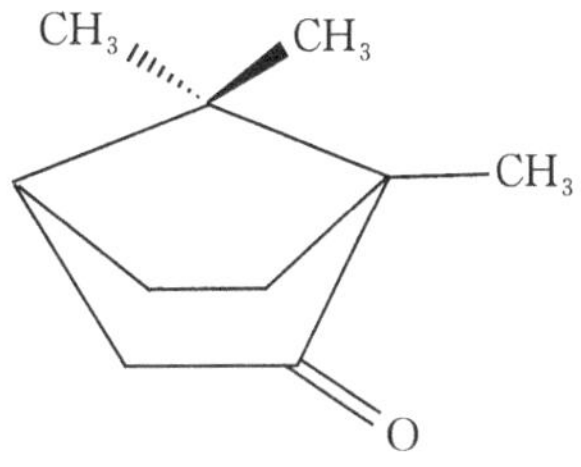　　　　　　　　　　　　樟脑

请画出这两个分子结构并找出其中相同的原子,在此基础上指出其溶于嗅觉器官的发香团。

答案

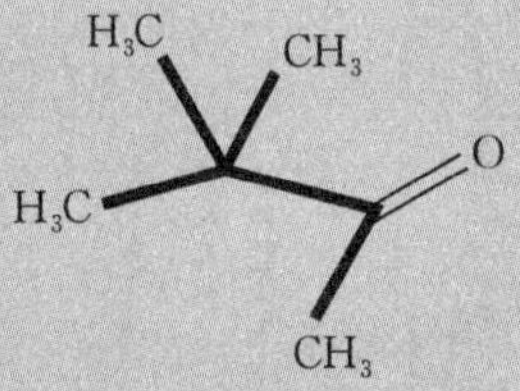

片呐酮 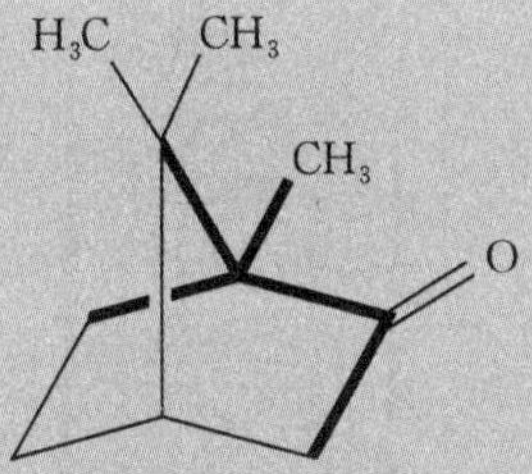　　　　　　　　　　　　樟脑

2. 在魁北克地区阿比蒂比-蒂米斯坎明格州(Abitibi-Témiscamingue)的瓦勒多市(Val-d'Or),Lamaque 矿从 1935 年到 1985 年间共开采 140 吨黄金。请问当遭遇险情时,如何让在矿井内震耳欲聋的钻井声中工作的工人们察觉并安全撤离?

答案

在通风的空气中加入一种难闻气体,如散发臭鸡蛋味道的硫化氢(H_2S),每升只需加入 0.002 mg 的无害浓度即可。工人们闻到这种令人作呕的味道则是警报信号。

基于同样道理，软木塞中所含2，4，6-三氯茴香醚成分是造成红酒有木塞味道的原因。这个问题将会得到解决，因为利用超临界二氧化碳萃取技术可以使这种分子从红酒中分离开来。

味觉因人而异。大约三分之一的人不能感受到松露的清香，这种产自法国佩利哥(Perigord)的菌类享有"黑钻石"的美誉。味觉的差异说明了为什么有些人讨厌的食物却成为另一些人的珍馐(例如西谷米这种越南美味在欧洲却不受欢迎)。同样，被誉为"水果之王"的榴莲在泰国市场上随处可见，这种水果果肉含有丰富的奶油，可是它成熟后令某些人作呕的气味使得其被禁止携带到旅店或机场内。

从酸甜味、奎宁苏打水的苦味到腌制品的下酒菜

甜点顾名思义是甜的。从根源上来讲,最能够产生甜味的是蜂蜜,因其含有特殊的果糖而被称为"真正的天赐之物"。谈到其他天然糖类,我们不能不提到加拿大著名的枫糖,魁北克人提取糖槭树的糖液从而制成这种软焦糖。由于营养原因,甘蔗或者甜菜糖①(即蔗糖)常常会被由不含有卡路里且甜度更强的人工合成甘味剂替代:如乙酰乙酸(E 950)、天

---

① 蔗糖在中国早已被人所熟识,在欧洲则直到十五世纪才开始出现,主要来自安的列斯群岛的种植园。对于进口的依赖使得欧洲国家力图寻找一种蔗糖的替代品。在这种背景下,1796 年德国化学家弗兰茨·卡尔·阿扎德(Franz Karl Achard,1753—1821)在其西里西亚(Silésie)工厂中发明出一种从糖甜菜中提取糖分的方法。但由于产出过于微少而很难收益。最终法国化学家让·夏普塔尔(Jean Chaptal,1756—1832)发现了更加理想的工艺,使其更为出名的是他的红酒加糖方法。这种工艺立刻由本雅明·德雷塞赫(Benjamin Delessert, 1773—1847)在帕西通过对甜菜糖的提纯取得收益,同时由于英国对欧洲大陆的封锁也使其得到了拿破仑一世的重要财政支持。

冬酰胺(E 951)、环磺酸盐(E 952)、糖精 saccharine (E 954)等等。

酸味则可在以下食物中感知到：如醋(醋酸，CH_3COOH)，比利时希迈酸鱼或酸辣汤等等。

当酸味和甜味结合在一起时，我们称之为酸甜味。酸甜味菜肴在中国大受欢迎：糖醋蟹、烤鸭等，和熊掌、猴唇一样，都是为紫禁城内的帝王们所喜爱的美味佳肴！

一盘不加盐的菜是没有味道的。食盐，即氯化钠($NaCl$)，从蒙昧时代起就被用来调味和储存食物。腌制品作为下酒菜在中世纪的小酒馆里就非常普遍，拉伯雷甚至称其为"巴斯克的马刺①"，直至今天腌制品还作为餐前的开胃菜而广受欢迎。有什么比盐拌白萝卜更美味的呢？

咖啡因具有一种苦味，苦味是生物碱所具有的可刺激感官的特性，这种含氮的较大分子(如奎宁、士的宁)存在于某些植物中(如金鸡纳树、马钱子)。生物碱作为药物成分经常入药，但同时它们也具有毒性。这可能解释了我们尝到苦味时总是反感，同时这种情况也会出现在饮用一些充气饮料，如含有奎宁的苏打水时。

产生冷觉和热觉的分子

关于其他味觉我们则没有那么熟悉。如收敛性，这种存在于口腔中的涩感是由于丹宁酸和唾液中的蛋白质发生了化学反应，因此产生涩味。当我们吃还没有成熟的香蕉时便会感到这种并不是太令人喜欢的味道。刺激性是另一个参数，执着于美食的食客们在食用辣根汁时会感到很浓

---

① 巴斯克是罗马传说中的酒神，腌制品如酒神的马刺一样使酒更具味道。

的芥末味道扑鼻而来,这种刺鼻味道源于黑芥子硫苷酸钾。而各种辣椒(如红辣椒、匈牙利辣椒)的辛辣特性则由辣椒碱决定,其辣度可通过斯高威尔评定法来测定:从微辣(1)到热辣到火辣,最后达到爆辣(10)。辣椒碱和口腔内的蛋白质发生化学反应从而产生灼烧感,仿佛我们食用过热食物所产生的感觉。

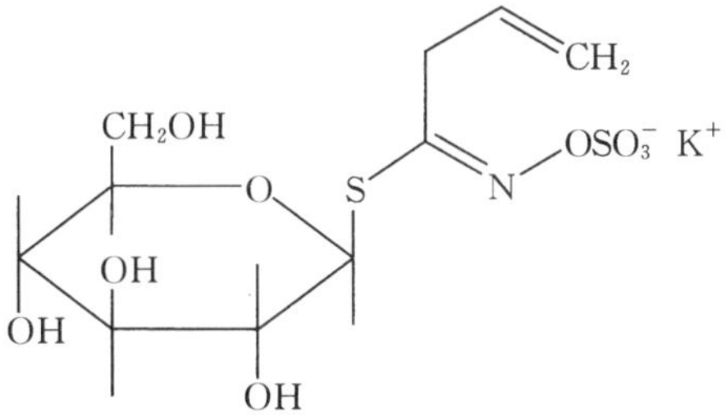

黑芥子硫苷酸钾

(替代物通过硫会与β-D葡萄糖的碳1相结合,这会使葡萄糖发生异常化学反应。)

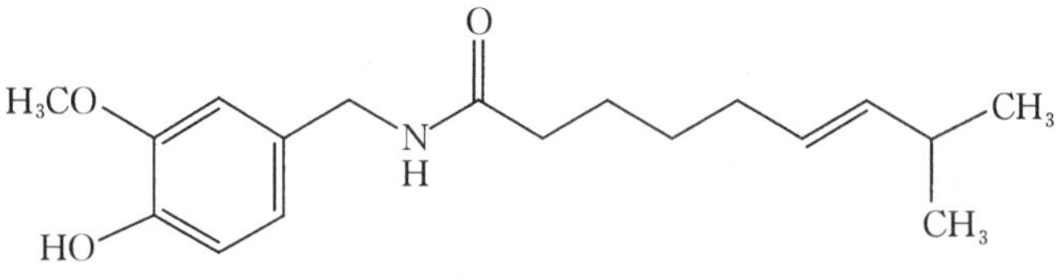

辣椒碱

相反,有些分子则会产生冷觉。因此,口香糖和一些巧克力的成分中经常含有薄荷醇。这种薄荷味道会带来宜人的清爽感觉,并且味觉感受器将会把这种化学信息传递到大脑。此外,科研人员刚刚发现一种奇特分子:即 4-甲基-3-(吡咯烷-1-yl)-2(5H)-呋喃酮。

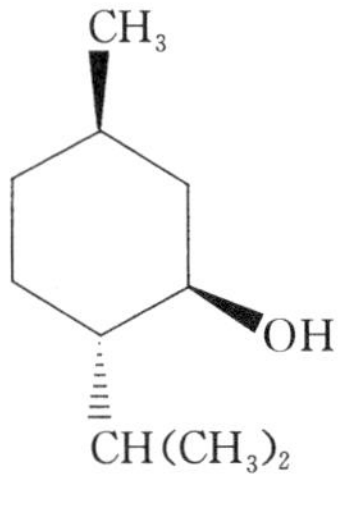

薄荷醇

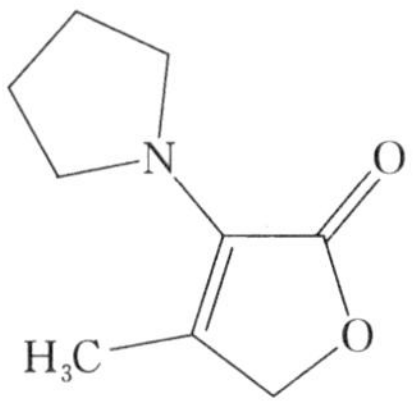

4-甲基-3-(吡咯烷-1-yl)-2(5H)-呋喃酮

这种分子的独特之处在于它远比薄荷更具有冷觉感受器的亲缘关系：薄荷的冷觉特性仅为其 1/35，但这种分子并没有味道，这说明它与冷觉和薄荷味无丝毫联系。

我们也用眼睛吃饭

如果所有的食物都是一样的质地和颜色，生活将是多么单调啊！幸运的是现实与此相反：有什么比红色壳里那又白又鲜嫩的鳌虾肉更令人食指大动的呢？当然还有松脆焦黄的烤鸭、软嫩的绿酱鳗鱼。

正是由于此种原因，自远古时期以来人们就已经会在食物中添加一些可着色的物质。自中世纪始，黄油便已按照严格标准着色，如使用金盏花、胭脂树（又称为红木）的种子，因为在它们的种皮中含有一种由胭脂树橙造成的红色色素。此类分子除去毒性后是一种胡萝卜素（E 160B），尤其用于对切达干酪的着色。此外，从姜黄中人们提取出姜黄素（E 100）用来使咖喱饭和芥末呈现一种特别的黄色。

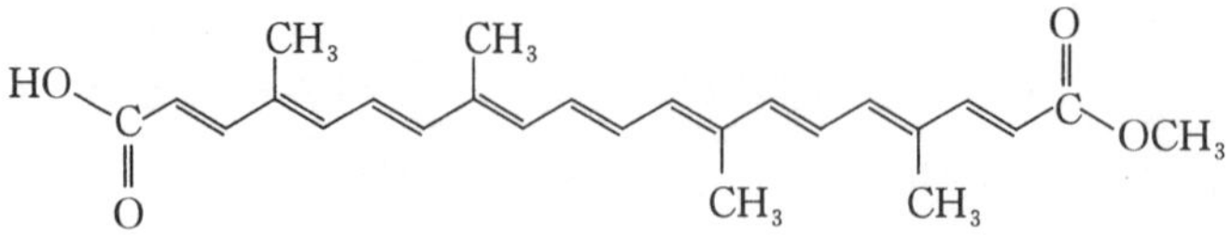

胭脂树橙

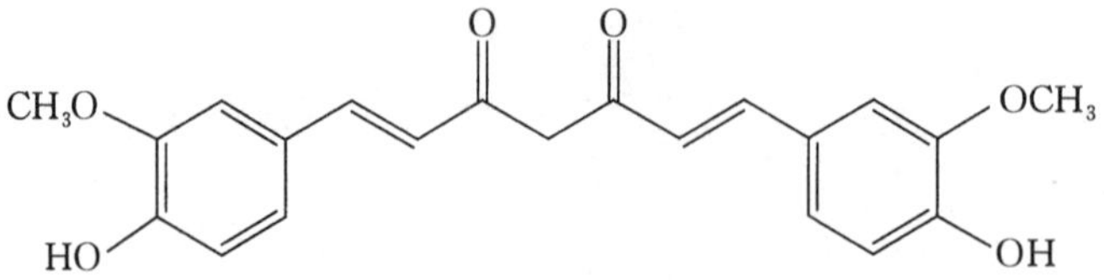

姜黄素

近年来,化学家们试图在实验室里发明出新的食物染色剂。在这些合成分子中,我们不得不提到偶氮染色剂家族的重要性,如苋菜红(E 123)和酒石酸盐(E 102)。

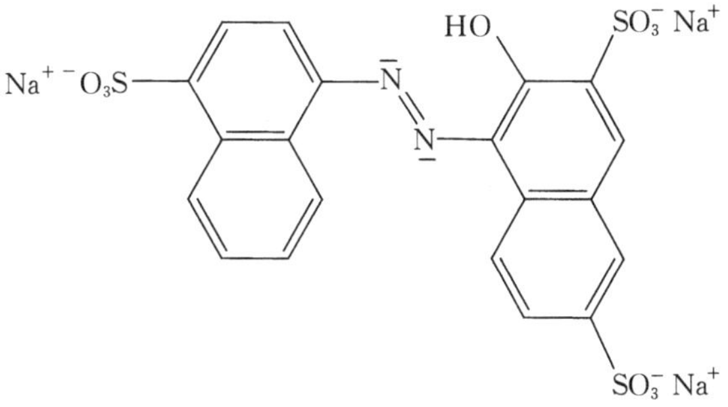

苋菜红

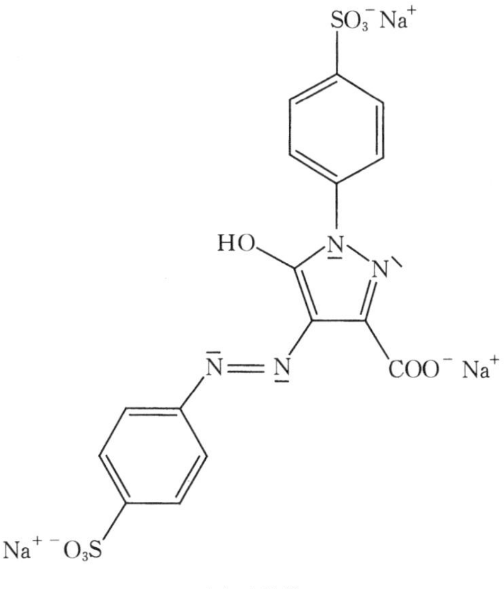

酒石酸盐

在所有这些染色剂的化学式中,单键和双键交替结合,从而使得电子迁移成为可能。

食物的烹制或怎样产生有味道的新的分子

很多食物不需要烹饪就已含有能产生香味的分子,如水果、蔬菜和某些软体动物;而其他种类的食物则需经过烹制以便能够入口消化,比如我们不会吃生的土豆。土豆类植物靠淀粉而不是葡萄糖的方式蓄积能量,因为葡萄糖会被雨水淋洗。淀粉(直链淀粉和支链淀粉)是由葡萄糖单位构成的聚合体,而烹煮食物会使这些复杂的分子水解,从而使食物软化并更易于消化。在食物烹制过程中发生的最重要的化学现象是以法国化学家美拉德(Maillard)命名的"美拉德反应"。在 1912 年发表的一篇文章中他描述了此种化学反应的三个主要阶段:即葡糖胺(Amadori)重排,斯特雷克(Strecker)降解和间醇醛聚合反应。"美拉德反应"可表现为食物熏黑(如烤焦的面包皮、炸黑的烤肉)和刺激人们食欲的香味产生。由于温度、pH 值和水的含量的不同,在变性蛋白质的氨基自由群和碳水化合物的化学反应中会出现一些偶然性差异,成千上万的此类分子已被发现:如吡嗪、呋喃酮、噻唑和蛋黑白素等。此外人们还发现了产生肉味的特殊分子,即二硫醚(2-甲基-3-呋喃基),该食用香料已在人工食品工业中得到广泛使用。此类美拉德反应只有在高于 140 ℃条件下才能进行,而肉内所含水分不能加热至 100 ℃以上,因此只有与锅接触的肉质表面才会发生美拉德反应。这也解释了为什么铁锅炒肉味道特别香鲜。这是因为切成小段的肉放进少许油中在铁锅内翻炒时,肉与锅的接触面扩大,因而能发生美拉德反应的肉相对增加。

红肉指善于奔跑并始终保持站立的动物的肌肉,如马或牛等。肌动蛋白和肌球蛋白二者都是肌肉中司运动收缩功能的蛋白质,肌肉运动时消耗能量并对脂肪进行分解代谢,从而消耗体内大量氧气。由于持久运动,纤维内的肌红蛋白含量非常高,而这种蛋白质能够将氧传送至动物的肌肉中去。正像血液呈红色是由于血红蛋白的缘故,红肉呈红色也是由于肌红蛋白的原因。而鱼类则与此相反,由于生活在水中,因此它们不需要耐力型红肌。它们的肌肉是由爆发型白纤维构成,这种纤维从糖原中吸取能量且不需要氧气,因此也不需要肌红蛋白的新陈代谢。这就是为什么鱼肉通常呈白色。只有少数鱼类,如某些鲨鱼和金枪鱼,由于生活在深海中需要保持持久体力,因此肉中富含肌红蛋白纤维,故而肌肉也呈红色。

健康小贴士

为了保持身体健康我们应调整食物的能量关系,按照机体需要选择食物。任何过量的食物摄取都有可能导致肥胖,并经常伴有心血管疾病。不同食物的营养成分取决于其蛋白质含量(1 g 蛋白质大约产生 17.2 kJ 热量),碳水化合物含量(1 g 碳水化合物大约同样产生 17.2 kJ 热量)和脂肪含量(1 g 脂肪大约产生 35.5 kJ 能量,相当于蛋白质和碳水化合物两倍还多!),那些食用骨髓吐司的人要当心啦!因为实际上他们所摄取的是纯脂肪。

在虚拟的美食菜谱中环游世界

化学家们总是对烹调情有独钟。在最近出版的一本书中,许多著名教授都提出了他们自己偏好的食谱。下面我们将为喜爱吃鱼的读者们推荐一份特殊的菜谱,以便您亲自动手烹饪。

中国燕窝鸭肉汤

这是一种配有燕窝的鸭汤,燕窝非常昂贵,由金丝雀的燕巢烘干制成。金丝雀在吞食海藻和鱼卵后用唾液制成了这种燕窝,其外表呈黏稠状(像琼脂一样),并带有一种特有香味。

日本河豚生鱼片

河豚,又名单鼻鲀或箱鲀,其肝脏和卵巢内含有能致死的神经性毒素(即河豚毒素 TTX),其毒性要比士的宁强 100 倍。

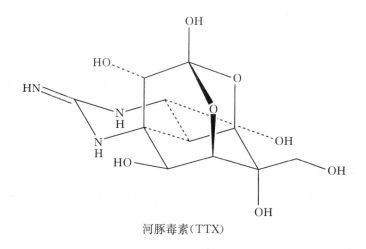

河豚毒素(TTX)

因此,在烹饪河豚时需小心除去含剧毒的内脏,将鱼块切成纸一样的薄片,并配上萝卜、海藻和山葵泥(即绿芥末),再浇上一种酱油柠檬汁,这便是日本极致精美的一道菜肴。

挪威干腌鳕鱼或秘鲁酸橘汁腌鱼

烹制干腌鳕鱼首先需将鳕鱼盐渍并风干,后将其脱盐并用石灰和碱进行加工处理,强碱使得鱼肉呈胶状。经过充分漂洗和烹制后,再配上豌豆泥和马铃薯泥食用，当然别忘了再饮上几杯阿夸维特酒①!

酸橘汁腌鱼是将切成片的生鱼放到一种酸性的腌渍汁中，如绿柠檬汁。浸渍后，鱼肉配以洋葱片、甜椒块和玉米棒冷冻后食用。

奶酪的多种选择：法国布里干酪、意大利帕尔玛干酪、英国斯提尔顿蓝纹奶酪及西班牙蒙契格乳酪

塔列朗②将布里干酪誉为"奶酪之王"，这种奶酪由产自法兰西岛的牛奶制成；帕尔玛干酪则是"意大利奶酪之王"，因由帕尔玛女公爵传入法国故得此名；而斯提尔顿奶酪则产自英国小镇斯提尔顿，被称为"世界上最好的奶酪之一"；蒙契格乳酪则是由产于卡斯蒂利亚地区的羊奶制成的奶酪。

盛行于英美的巧克力冰淇淋

通常来讲，巧克力冰淇淋是将巧克力连同蛋黄、糖和牛奶放入果汁冰糕器或分蜜离心机中制成。而彼得·巴哈姆教授则使得这种冰淇淋的制作立等可取，其方法为将原料放入金属桶中，然后佩戴安全镜小心地向其中加入液化氮（－196 ℃）并用木勺搅拌均匀，随后便会得到一份可口的冰淇淋。根据不同材料，既可制成比较结实口感的冰淇淋（冰淇淋微晶体含量较多），也可制成比较轻盈口感的冰淇淋（内含气泡较多）。

---

① 有"生命之水"的美誉，是由马铃薯等提炼并用茴芹作香料的斯堪的纳维亚烈酒。——译者注

② 夏尔·莫里斯·德塔列朗-佩里戈尔（Charles Maurice de Talleyrand-Périgord，1754—1838），法国资产阶级革命时期著名外交家，为法国资本主义革命的巩固作出了重要贡献。——译者注

1. 我们经常会在鱼铺中看到鲷鱼(学名 dorade),有时则被注为 dau-
rade,请问它们是指同一种鱼吗?

答案

　　只有金头鲷,又名皇家鲷鱼(Sparus **au**ratus)才可被拼写成 daurade,其特
征为两眼间有一个"**金**色月牙"(仿佛金眉毛)。Daurade 中"au"与金子的化学
标志 Au 一致。其他种类的鲷鱼则都被拼写为含字母"o"的 dorade,如灰鲷
(黑椎鲷,Spondyliosoma cantharus)和红鲷(绯小鲷 pagellus erythrinus 或黑
斑小鲷 bogaraveo)。

2. 请解释下列词语。

   a) 冰糖

   b) 做汁

   c) 冰醋酸

答案

  a) 冰糖:一种精细糖粉,纯净,杂质少,常用于制作糕点。

  b) 做汁:借助适当液体(如水,红酒,酒精,肉汤等)溶解在容器底部的焦糖肉汁,用以制作一种调味汁。

  c) 冰醋酸:是指将纯醋酸放至略低于室温的温度下(低于 16.7 ℃)使其固化为冰状晶体。

奇 珍 阁

我们所说的奇珍阁是指陈列矿物界、植物界或动物界中奇特物品之处。通过展示这些珍奇异物的神奇之处，我们将揭示大自然的秘密。这些陈列室仿佛一家私人博物馆，展现了某一时代的科学中所关注的更多的偶然现象，而不是更多的理性现象。

矿物世界

珍珠和动物胃石是奇珍阁中名副其实不可或缺的物质。珍珠由珍珠质（主要成分为碳酸钙）积聚而成，呈同心层状；而动物胃石则是动物胃肠中的结石，可入药解毒。琥珀是另一种珍奇物种，它分为两大种类：灰琥珀和黄琥珀。灰琥珀由抹香鲸的肠腔结石形成，非常稀有，可用于提取优质香料；黄琥珀（由黄琥珀酸分离出来，$HOOC—CH_2—CH_2—COOH$）是渐新世时代的松柏科植物的化石树脂，坚硬而透明，并能够燃烧，有些会包有某种昆虫或植物残骸。经摩擦后由于静电作用可吸引较轻物体[琥珀在希腊语中被称为电子（electron）]。

硅镁镍矿石是一种由镁和镍组成的天然硅酸盐，这种奇妙的石头呈美丽的绿色。它主要产于新喀里多尼亚岛，并构成这个国家的首要经济来源。铬铅矿，又名西伯利亚红铅，是一种铅的天然铬酸盐（$PbCrO_4$），也是收藏者最珍贵的矿物质之一。该单斜晶长度可达 20 厘米并呈现特殊的红锆石色。通过分析铬铅矿，法国化学家沃奎林（Vauquelin）在 1797 年成功地分离出当时还不为人所知的铬元素（Cr）。

1963 年为纪念化学家尼古拉-路易·沃奎林诞辰二百周年发行的法国邮票。

月光石又名冰长石，因中心出现恍若月光

的幽蓝色晕彩而得名。这种长石种类繁多,通常呈半透明状。隐约可见的浅蓝色晕彩正是由其钠长石和正长石的精细层的不同折射率决定的,效果仿佛月光照在透明的石头体上。磨光而没有刻面的月光石可显示出更漂亮的晕彩。富拉玄武岩属另一种长石,因此与月光石一样具有晕色。由于金属反射,富拉玄武岩会闪现以蓝色为主色的光彩夺目的色彩。并且根据视觉角度不同,晕彩的颜色也会发生变化。这也是为什么有些豪华的建筑有时会选择富拉玄武石作为装饰材料。

小·体积,高价值

　　钻石是由碳元素组成的密度极高的单质晶体,也是自然界矿物质中最为坚硬的宝石。其硬度在比较性量度,即莫氏硬度(从 1 到 10)中为10。这种宝石通常会打磨成椭圆形刻面以使其更加炫目。钻石在红光下折射率为 2.407,紫光下为 2.451,由于折射率不同,钻石因此会闪现斑斓色彩,这种由色散产生的奇特效果被称为"钻石之火"。1905 年,在南非发现了世界上最大的天然钻石,即库利南钻石,重 3 106 克拉!(一克拉相当于 200 毫克;请不要和表示黄金纯度的,最高量度为 24 的"开"混淆①。)在伦敦塔我们可欣赏到镶有上百颗钻石的"帝国皇冠",其中包括世界上最大的两颗未切割钻石,即 530 克拉的库利南Ⅰ号(又名"非洲之星")和 317 克拉的库利南Ⅱ号②。对钻石的评估有四项标准(4C):颜色(Color)、净度(Clarity)、重量(Carat)和切工(Cut)。在罗浮宫我们可看到

① 法语中,开和克拉为同一词,"carat"。——译者注
② 迄今为止世界上最大的加工钻石是超过 545 克拉的"金色纪念币"。

重 140 克拉的"摄政王钻",它被认为是世界上
最纯净的钻石之一。作为参考,近来重约 100
克拉(大小相当于著名的科依诺尔钻石)的 D 级
极白钻石在日内瓦拍卖市场上的成交价格为超
过 1 千万美金的天价!

1960 年比利时发行的
钻石邮票

　　红宝石属颜色为红色的刚玉品种(主要成
分为氧化铝 Al_2O_3),莫氏硬度为 9。磨光但未刻面的刚玉会反射出缤纷
闪耀的六射星光。最名贵的红宝石被称为"鸽雪红"红宝石,颜色呈血红
色,这是因为这种宝石中铁和铬含量较高。最名贵的红宝石是名为"爱德
华"的红宝石(167 克拉),我们可在伦敦大不列颠博物馆中欣赏到它。蓝
宝石则是另一种刚玉,所呈蓝色主要是由于其中混有少量钛(Ti)和铁
(Fe)杂质所致。最大的已加工蓝宝石是一颗叫做"印度之星"的星光蓝
宝石,重 536 克拉。巴特巴拉德(Padparadscha)是蓝宝石中另一无价之
宝,颜色酷似莲花的颜色,呈水红色调的橘黄色,其名字便来自斯里兰卡
语中的"莲花"。绿宝石是一种绿色(含铬和钒元素)柱石,是铍铝硅酸盐
组成的矿物,主要成分为 $Al_2Be_3(Si_6O_{18})$,其莫氏硬度为 7.5 到 8 之间。
这些主要成分为硅酸盐的矿物质构成了绿宝石"大花园",每一种绿宝石
都有它的特殊标识。其中最著名的当属重 964 克拉的"伊萨贝尔女王"绿
宝石,它属于阿兹特克帝国的征服者赫尔楠·科特兹(Hernán Cortés)。

小贴士

1. 在高于 100 000 帕压强和 2 000 ℃条件下压缩石墨碳(sp^2 杂化碳)
   可制成小钻石(sp^3 杂化碳)。

2. 2004 年美国天文学家在人马星座中发现了星系中最大的钻石矿,
   距地球 50 光年之遥。它含一百亿克拉钻石,即 $2×10^{33}$ 克。作为
   财富,再没有比这更可观的了! 实质上它由白矮星,即一种碳燃

烧殆尽后的残骸星体,在压力和温度的影响下转变为钻石。

3. 迄今为止发现的最大天然金块为"欢迎陌生人",1869 年发现于澳大利亚。它重达 24 开,即 72.8 千克重金块中含 64.6 千克纯金。此外,1999 年一颗重 30 亿吨的小行星险些与地球相撞。该小行星主要成分为黄金(占 80%),其他成分为包括铂(Pt)和锆(Zr)在内的稀有元素。

植物世界

难以抗拒的香料

植物世界奇妙缤纷,那些鲜艳夺目的花卉同时释放出各种各样的怡人芬芳:如玫瑰、兰花、夷兰、广藿香、茉莉,还有我们熟悉的各种莲花。香妃是清朝皇帝乾隆最宠爱的妃子,在她去世后,乾隆在其家乡新疆维吾尔

地区喀什附近为她建造了一座陵墓。据传这位中国历史上的奇女子周身会散发出馥郁的香气。其实,这香气由她家乡特产的沙枣(Elaeagnus angustifolia)的花香所致,该花香气迷人,其中含有各种酯成分,如肉桂酸、苯甲酸酯、苯乙酸:

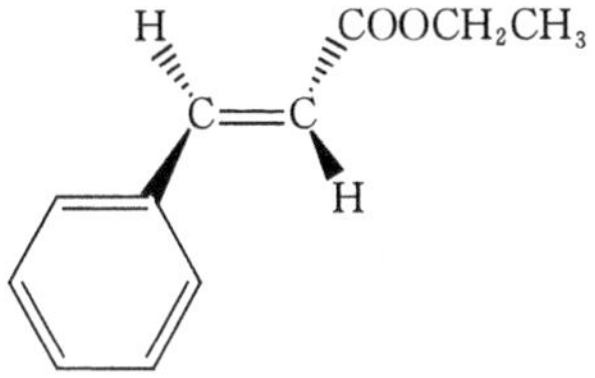

肉桂酸乙基

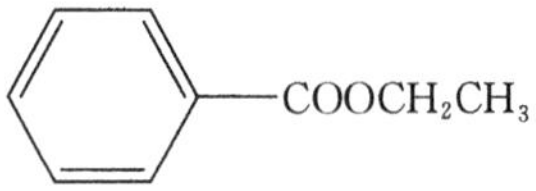

苯甲酸酯乙基

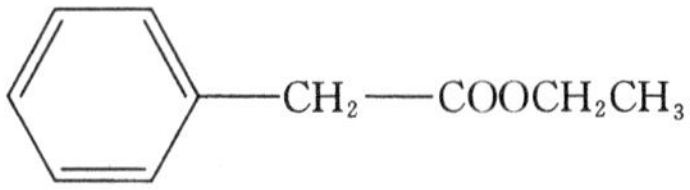

苯醋酸乙基

小贴士

从前由于香水价格过高,只有富人才能使用。事实上,大约七百万朵茉莉花才能提炼出一千克的香精油。有机化学家们很快确定了散发香气的主要分子并试图进行人工合成,之后他们成功合成了由于顺式双键而很难被提炼的茉莉酮。但由于这种分子挥发性较强,因此需以无味的方式,如唑烷来保存。在此香气的前驱体分子中加入二氧化锰,与水接触则会不断分解出茉莉酮分子,并不断散发出茉莉花的清新香气。

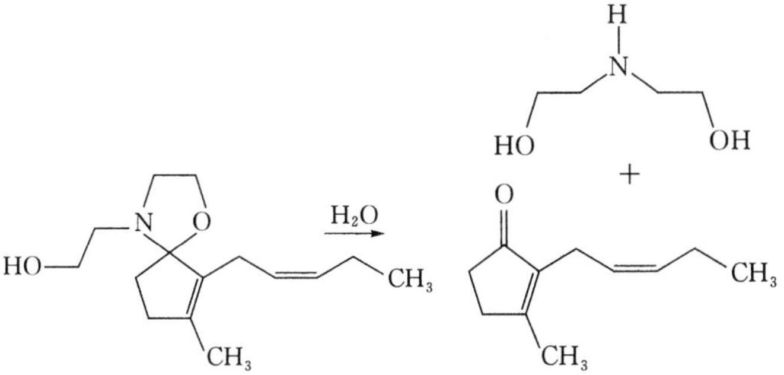

茉莉酮的 N-(2-羟乙基)恶唑烷

茉莉酮

美丽危机

　　表面光鲜亮丽的花草往往暗藏危机。舟形乌头是一种美丽的蓝色伞状花朵（又名"朱庇特之伞"），花期为六月至九月，主要产于欧洲，属毛茛科植物，毒性很强。采摘碰触便会使采摘者患有皮炎。其根部因含有有害生物碱故毒性极强（根部形状类似小萝卜，有时会被误认为是冬萝卜的根系）。舟形乌头毒性源于乌头碱，一毫克乌头碱便会致人因呼吸衰竭死亡，但同时乌头碱也可用于治疗三叉神经痛。

1983 年法国发行的
乌头属植物邮票

　　颠茄是一种茄科植物，状似樱桃，浆果黑亮，毒性很强。特别是它含有阿托品，这种抗副交感神经的生物碱会造成视觉障碍，口腔干燥，心动过速，甚至会因麻痹呼吸系统而造成死亡。这种植物的名字源于意大利语的"belladonna"，意为"美丽的女人"。因为在 16 世纪，意大利妇女常常提取这些浆果来做一种洗眼剂，它会放大瞳孔从而产生一种勾魂摄魄的眼神效果。作为治疗性药物，生物碱是一种典型的镇静剂，常用作前驱麻醉等。

　　紫杉是公园中常见的装饰性树木，所产的红豆一样的浆果具有一定毒性。实际上这种浆果是假种皮，也就是说紫杉的种子生于这种杯状肉质的假种皮中。因果实含有紫杉碱故具有毒性。此外，我们还可从紫杉中分离出紫杉醇用来治疗某些癌症。

　　洋地黄花梗直立，开有美丽的状似手指的小花。它属玄生科，品种繁多，其中最值得一提的当属紫洋地黄。它含有可用于强心作用的葡萄糖苷，即洋地黄苷。洋地黄苷是一种剧毒物质，但我们也时常小剂量地用于治疗

1960 年由德意志
民主共和国发行
的印有紫洋地黄
图案的邮票

心脏疾病。作为一种毒剂,洋地黄苷会引发心脏的期外收缩,甚至因心脏衰竭而死亡。出于同样原因,我们还要小心另一种植物铃兰,因为这种百合科植物含有一种叫做铃兰毒苷的物质,它同时具有相当于强心剂的功效。同样还有欧洲夹竹桃、羊角拗、嚏根草(不要把它和一品红相混淆,一品红是一种室内植物,开有五颜六色的鲜花,常被错当成嚏根草来出售)。

小贴士

1. 卡拉巴尔豆在非洲被用于测试毒药。嫌疑犯会被接种其提取物,若想证明清白,则需忍受痛苦的折磨。卡拉巴尔豆中含有一种生物碱,叫做毒扁豆碱,和阿托品相反具有加强副交感神经的特性,可用于治疗流涎、瞳孔缩小、心动过缓等。此外这种生物碱还可用于治疗青光眼。

2. 世界上最大的花是阿诺尔特大王花(Rafflesia arnoldii),我们可在苏门答腊和婆罗洲潮湿的热带雨林中见到这种花。这种花花瓣厚重,颜色大红,并带有奶油色的疣一样的斑点。其直径可达 1 m,重量常常超过 10 kg。阿诺尔特大王花被认为是世界上最奇特的生物组织之一:它没有茎、叶和根。这种极度进化的花外观看起来像一种叫做崖爬藤的具有特殊纤维的野生藤。而世界上最高的花是超过 2 m 的巨型海芋,其实质为一种花序,即花在总花柄上有规律的排列。

动物世界

含钙丰富的奇特物质

我们通常会在古珍阁中看到一种呈螺旋形的角,它被视为来自一种

1964 年法国邮票，印有
《贵夫人与独角兽》

类似白马的神奇动物——独角兽（可参见著名的 15 世纪"贵夫人与独角兽"六件套壁毯，现陈列于巴黎克鲁尼中世纪博物馆）。但实际上，这种角来自北冰洋独角鲸的巨牙。化学家们之所以会对这种物质感兴趣，是因为它很好地说明了手性现象。

新喀里多尼亚岛出土的 1 500 万年前的巨鲨的牙齿化石又有何意义呢？答案是它为重达 25 吨的软骨庞大掠食动物——巨齿鲨的仅存遗迹。巨齿鲨是大白鲨的祖先，其体型远远大于大白鲨。这种尖足纲动物（地球上最大的无脊椎动物）的蓝宝石色眼睛直径超过一张 33 转密纹唱片。

面向硅的有机化学？

硅在元素周期表中正处于碳下面。我们经常会谈到，尤其在科幻小说中，以硅元素为主要成分的外太空有机化学的可能性。这种想法并不荒诞，因为在地球上便存在着此种由硅质组成的生物：如硅藻类，这种单细胞藻类被一层精细硅壳所包围；或者是放射虫类，这些原生动物的骨骼由硅组成，周围是呈放射状的伪足。我们星球上的这些硅质生物是否只是一个开端？在宇宙中的某处是否又存在着其他以硅为基础的更加进化的生物呢？

生物化学中的迷人剧毒

哥伦布氏毒箭蛙是一种美丽的小青蛙，主要分布在哥伦比亚，皮肤色彩鲜艳且分泌剧毒。毒蛙会产生一种类固醇生物碱，是我们发现的毒性最强的物质之一。仅四分之一毫克就足以将人麻醉致死。这种物质能够

破坏神经系统的正常活动,其主要形式为:打开细胞中的钠离子通道以阻碍动物体内的离子交换。此外,在澳大利亚生活着一种攻击性很强的狼蛛,雪梨漏斗网蜘蛛,仅是蜇咬便会致命。这种蜘蛛分泌的毒液是一种多肽,具有避钙的抵抗性,它会阻塞钙导管,使钙离子进入血管中的平滑肌细胞,从而造成血管收缩,由此引起的血压过低症状会导致心脏停止跳动。另一种可怕的小动物是美洲矛头蝮,主要分布于巴西等美洲地区。它会分泌一种多肽,这种致命毒液可造成血压过低,由此引起血管紧张素转换为酶抑制剂。这种酶会使血管紧张素Ⅰ转换为血管紧张素Ⅱ,是一种很强的血管收缩剂。对于这种毒液的研究可用于研制抗高血压的药物,如卡托普利(疏甲丙脯酸)和伊拉普利(苯酯丙脯酸)。

同样的危险也存在于海洋中:如果你在澳大利亚北海岸遇到一种叫做箱形水母的巨大水母,你可要当心了!这种奇妙的透明动物几乎不可视,呈立方形钟状体,从外观判断属钵水母纲。这种钟状体生物在四个角上共长有 60 只长达3 米的触须,且每一面都生有一组眼睛,并且你会发现这种动物没有大脑! 它的毒针在几分钟内就足以使人致命,因为它的毒液会同时对心脏和神经产生剧毒作用。在相同水域你还有可能遇到另一种水母 Carukia barnesi,由于仅相当于拇指指甲大小而很难被肉眼发现。这种水母也可致命,因为其分泌的毒素是钠传导的终结者,会产生伊鲁坎吉综合征,由于去甲肾上腺素的大量释放从而造成致命的高血压。

词 汇

A

缩醛（Acétal）：同一个碳上连有两个烷氧基的化合物。

非手性（Achiralité）：分子的一种特性，这种分子有对称面，其镜像与原物体重合。

酸（Acide）：阿伦尼乌斯（Arrhenius）认为，能溶解在水中并且能够释放氢离子（H^+）的物质叫做酸；然而根据布朗斯泰-劳里（Bronsted）酸碱理论，酸是一种能够给接受体"碱"提供氢离子的物质；此外路易斯把酸定义为能够接受一个路易斯碱提供的电子对的物质，简单说来就是能够显示亲电特性的物质。

光学活性（Activité optique）：对映异构体（简称对映体）能够使偏振光的振动平面转动一定角度，这种能力被称为光学活性。能使振动面向右旋转的对映体被称为右旋体（＋），能使振动面向左旋转的对映体被称为左旋体（－）。

吸附作用（Adsorption）：气体或液体被吸着在固体表面的作用，即物质表层把同它接触的液体或气体的质点吸附。

生物碱（Alcaloïde）：指从植物中提取的非常复杂的有机物。这类分子至少含有一个氮原子（大部分氮原子都包含在环中）并且呈现弱碱性。所有生物碱的命名都是由-ine结尾，例如吗啡（morphine）、尼古丁（nicotine）、咖啡因（cafeine）。

合金（Alliage）：在一种金属中加入其他元素从而合成具有特殊金属特性的物质。

阴离子（Anion）：带负电荷的离子，在电解过程中流向阳极（正极）。

阳极（Anode）：电解池中电流流入方向，即正极。而在原电池中连接阳极的是负极。阳极永远发生氧化反应。

异头碳（Anomérique）：环化单糖中氧化数最高的碳原子。作为手性

中心，异头碳存在 α 和 β 两种构型。

芳香化合物（Aromatique）：一种平面环形化合物，可含有或不含有杂原子。此类化合物含一个由双键（必要时可加入自由电子对）构成的共轭系统，整个分子均为可重定位的电子覆盖，其数目需符合休克尔规则，即（$4n+2$）规则。

共沸混合物（Azéotrope）：两种液体形成的混合物，与纯净物相似，其沸点恒定。

B

碱（Base）：阿伦尼乌斯认为，能溶解在水中并且能够释放氢氧根离子（OH^-）的物质叫做碱。然而根据布朗斯泰-劳里酸碱理论，碱是一种能够接受提供者"酸"提供的氢离子（H^+）的物质。不过，路易斯认为，能够给一个路易斯碱提供电子对的物质叫做碱，简单说来就是能够显示亲核特性的物质。

C

摩尔比热容（Capacité calorifique molaire）：1 mol 该物质温度上升 1 K 所需的热量，单位为焦耳。

催化剂（Catalyseur）：能加速化学反应速率的一种物质，其本身质量和化学性质在反应前后都没有发生变化。

阴极（Cathode）：电解池中电流流出方向，即负极。在原电池中，连接阴极的是正极。阴极永远发生还原反应。

阳离子（Cation）：带正电荷的离子，电解过程中流向阴极（负极）。

电解池（Cellule électrolytique ou électrolyseur）：产生电解作用的电化电池。

原电池（Cellule galvanique ou pile）：自发将氧化还原反应产生的化学

能转化成电流的电化电池。

光伏电池(太阳能电池)(Cellule photovoltaïque):通过半导体将电磁辐射转化为电流的装置。

加糖(Chaptalisation):为了提升所酿酒的酒精浓度,在酿酒所用葡萄汁中人工添加糖分。

手性(Chiralité):分子的一种特性,这种分子没有对称面,其镜像不能和原物体重合,所以它有两个对映异构体。

化学反应动力学(Cinétique chimique):研究化学反应速率,尤其是反应机理的学科。

归中反应(Commutation):含有同一元素的不同价态的两种物质在发生氧化还原反应后,该元素化合价向中间靠拢。歧化反应与归中反应相反,化合价向两边散开。

冷凝(Condensation):气体凝结成液体的过程。

两个有机分子消去一个小分子(如 H_2O)后生成的一个单独分子。

缩聚(Condensation):二个官能团化合成为聚合物同时析出低分子副产物(如水等小分子)的过程。

常温常压条件(Condition TPN):对气体来说,常温常压条件指 0 ℃(273.15 K)和 1 atm(101.3 kPa)。在这种条件下,1 mol 任意理想气体所占体积为 22.4 L。

构型(Configuration):与手性中心相连的原子空间排列。

绝对构型(Configuration absolue):通过空间描述 R/S 来分辨一个手性分子及其镜像。

构象(Conformation):由单键旋转所产生的该分子的三维空间排布。

冻结(Congélation):液体因为温度降低而凝固的现象。

平衡常数(Constante d'équilibre):化学反应达到平衡时,产物(分子)和反应物(分母)的分压比值。生成物次幂均为它们相对应的化学计量数。

共轭酸碱对(Couple acide-base)：布朗斯泰-劳里酸碱理论认为，所有酸在转移它的氢离子后都以其共轭碱的形式存在。同样所有碱都以其共轭酸的形式存在。

D

半衰期(Demi-vie)：反应物浓度降低到初始一半时所需的时间。对于放射性同位素来说，半衰期(放射周期)指该放射性同位素的一半原子发生衰变所需的时间。

绝热膨胀(Détente adiabatique)：气体与外界没有热量交换但需对外界做功的膨胀过程。

非对映异构体(Diastéréo-isomères)：不是互为镜像的立体异构体。

稀释(Dilution)：通过增加溶剂来减少溶液中溶质浓度的操作。

歧化反应(Dismutation)：同一个反应物既发生氧化反应又发生还原反应，这种自身的氧化还原反应称为歧化反应，它的相反过程是归中反应。

蒸馏(Distillation)：利用各组分沸点不同并借助冷凝管冷凝蒸汽原理来分离液体混合物的操作。

E

沸腾(Ebullition)：在特定温度下物质由液态转变为气态的汽化现象。

摄氏温标(Echelle Celsius)：世界上普遍采用的一种温度标准。根据摄氏温标，在标准大气压下，冰的熔点为 0 ℃，水的沸点为 100 ℃。

华氏温标(Echelle Fahrenheit)：在两个固定温度的基础上设立的温度标准。在这种情况下，一种特殊的冰和铵盐的混合物熔点为 0 ℉，人体正常温度为100 ℉。华氏温度 $T = 1.8 \times$ 摄氏温度 $T + 32$。

热力学温标(Echelle Kelvin):绝对温标。$T(\text{K}) = T(\text{℃}) + 273.15$

pH 值(Echelle pH):由索伦森(Sorensen)提出的用以判定溶液酸性(pH ＜ 7)和碱性(pH ＞ 7)的标准。pH 值等于该溶液中氢离子浓度(类似于容模)的负对数。

气体隙透 (Effusion d'un gaz):气体从小孔逸出的现象,例如轮胎爆裂。

电解作用(Electrolyse):通过外加电流实现的非自发的化学反应。

电负性(Electronégativité):在两个由共价键相连的原子中,其中一个原子将电子云吸向自己方向的能力称为电负性,相关原子会带上部分电荷。根据鲍林(Pauling)提出的标度,氟的电负性为 4.0。

对映异构体 (Enantiomère):两个互为不可重合的镜像的立体异构体。

活化能(Energie d'activation):指一个化学体系从基态到跃迁态的所需能量,或者说反应物变为生成物所需要的阈能。它同时也指实现一个反应所需的分子碰撞能量的最小值。

键能(Energie de liaison):指一摩尔独立气态原子 X 和 Y 生成共价键所需的焓。通常,键能的绝对值约等于断开该共价键所需的能量。

差项异构体(Epimère):在有多个手性中心的非对映异构体中,只有一个手性碳原子的构型不同,而其余构型相同的非对应异构体称为差项异构体。

阿伦尼乌斯方程(Equation d'Arrhenius):$k = Ae - E_a/RT$,用于计算化学反应速率常数与温度。k 指速率常数,A 指反应碰撞频率和空间效应的指前因子,E_a 为活化能,R 指摩尔气体常数,T 为热力学温度。

化学平衡(Equilibre):指化学反应的正逆反应速率相等时达到的平衡状态。与生成物和反应物的浓度不变所表达的静态平衡不同,化学平衡是一种动态平衡。

氧化级(Etage d'oxydation)：见氧化态。

跃迁态(Etat de transition)：指已达到能垒顶点的化学体系中的原子排列。

低共熔现象(Eutexie)：一种以适当比例混合的固体混合物。和纯净物一样，具有一个确定的熔点。

核裂变(Fission nucléaire)：指重核原子的原子核分裂成几个原子核，并释放出一个中子和大量能量的变化。

F

荧光(Fluorescence)：一种退激发现象。当入射光停止后，发光现象持续存在并发射质子。又见磷光。

亨德尔—哈塞尔巴尔赫方程(Formule de Henderson-Hasselbalch)：$pH = pK_a + \log M_{bc}/M_a$，此公式可用来计算缓冲体系的 pH 值，其中 pK_a 是指弱酸的酸性常数的负对数；M_a 是弱酸的体积摩尔浓度，而 M_{bc} 是指其共轭碱的摩尔体积浓度。

路易斯结构式(Formules de Lewis)：即电子结构式。分子中的共价键由共用电子对形成，当电子出现盈余时需考虑到"八隅律"。

熔化(Fusion)：在确定温度下，物质会由固态转变为液态的相变过程。

核聚变(Fusion nucléaire)：在超高温下，轻原子核结合形成相对的重核并伴随释放大量能量的反应。

H

半缩醛(Hémiacétal)：醚键和羟基连有相同碳原子的化合物 [—CH(OR)(OH)]。

氢的正离子(Hydron):氢及氢的同位素的正离子的统称:$^1H^+$,$^2H^+$和$^3H^+$。

I

折射率(Indice de réfration):在真空中与在所射入介质中光速比值的物理量。

络离子(Ion complexe):由一定数量的配体(阴离子或中性原子)通过配位键结合于中心离子周围而形成的离子。

同分异构体(Isomérie):两种拥有相同化学式但分子排列不同的化合物。

同位素(Isotopes):拥有相同质子数,不同中子数的同一元素的不同核素互为同位素。同位素原子序数相同,但原子质量不同。

L

液化反应(或冷凝作用)(Liquéfaction ou condensation):由物体气态转变为液态的过程。

阿伏伽德罗定律(Loi d'Avogadro):在相同温度和气压下,相同体积的不同气体拥有相同的分子数。

玻意耳—马略特定律(Loi de Boyle-Mariotte):一定质量的气体,在恒温情况下,其气压与体积成反比。

查理定律(Loi de Charles):一定质量的气体,当体积恒定时,其压强与热力学温度成正比。

能量守恒定律(Loi de la conservation de l'énergie):参照热力学定律。

法拉第定律(Loi de Faraday):在电解过程中,物质参与电极反应的质量与通过电极的电量成正比;在电极上析出(或溶解)的物质则与其摩尔质量成正比。电解 1 mol 物质所需的电量为 1"法拉第"(F),即 96 490 C。

盖一吕萨克定律(Loi de Gay-Lussac)：一定质量的气体，当气压恒定时，其体积与系统温度成正比。

理想气体定律(Loi des gaz parfaits)：$PV = nRT$，式中 P 指气压，V 指体积，n 为气体物质的量，R 是气体常量(8.31 J/K * mol)，T 则是热力学温度。

格拉罕姆气体扩散定律(Loi de Graham)：在气压与温度恒定情况下，气体的扩散速率与其摩尔质量的平方根成反比。

M

晶胞(Maille élémentaire)：是形成晶格的最小三维单位。

原子量(Masse atomique)：某种原子的质量与碳－12原子质量的1/12的比值。

分子摩尔质量(Masse molaire moléculaire)：在数值上等于该分子的相对原子质量。

缓冲溶液(Mélange tampon)：一种含有弱酸及其共轭碱，或一种弱碱及其共轭酸的溶液，其特点在于当加入少量酸或少量碱时能保持 pH 值不变。

内消旋(Méso)：如果一种化合物包含多个手性碳，且具有一个对称平面，那么此化合物和其镜像完全相同，因内部抵消而不具有旋光性。

质量摩尔浓度(Molalité)：溶液中溶质的物质的量除以溶剂的质量，其单位为 mol/kg。

摩尔浓度(Molarité)：1升溶液中所含溶质的摩尔数，其单位为(mol/l)。

摩尔(Mole)：一单位个体(原子，分子，等)中所含的物质的量。1摩尔任何物质所含微粒个数相当于12克碳-12中所含的碳原子个数。

变旋现象(Mutarotation)：由于含有自由半缩醛官能团的单糖向其异构体变化，达到平衡而引起旋光度变化的现象。

N

　　质量数(Nombre de masse):将原子核内质子数和中子数相加所得的总和。

　　氧化态(Nombre d'oxydation ou étage d'oxydation):常用罗马数字表示①。对于一个原子或单原子离子,指其真实的氧化价;而对于一个在多原子分子或离子中的原子来说,是指其电子代数和,即等于具有较强电负性的原子的电子代数和减去其他较弱电负性的原子的电子代数和。

　　原子序数(Numéro atomique):指原子核内的质子数或中性原子的核外电子数。

O

　　氧化剂(Oxydant):氧化还原反应中能够从还原剂处得到电子的反应物。

　　氧化反应(Oxydation):物质发生化学反应时失去电子,氧化态升高的反应。

　　氧化还原反应(Oxydoréduction ou réaction redox):是指电子从还原剂迁移到氧化剂的反应:在此反应中,还原剂被氧化,而氧化剂被还原。

P

　　顺磁性(Paramagnétisme):是指外加磁场作用于具有不成对电子的物质的吸引力。

　　磷光现象(Phosphorescence):一种退激发现象。当入射光停止后,由于三重态临时储存能量,发光现象持续存在,并发射质子。

---

① 　在中文中,常用阿拉伯数字表示。——译者注

沸点(Point d'ébullition)：液体的饱和蒸汽压等于外界气压时所达到的温度。在这种温度下，液态和蒸汽态保持平衡。

熔点(Point de fusion)：将物质的固态转化为液态时所达到的温度。

界面缩聚(Polycondensation interfaciale)：在两个不相混溶的液相界面进行的反应，界面缩聚反应可获得分子量较大的聚合物。

旋光度(Pouvoir rotatoire)：在旋光仪中，平面偏振光穿过手性物质时产生的旋转角度。

海森堡不确定性原理(Principe d'incertitude de Heinsenberg)：指不可能同时确定一个基态粒子的某些物理量，如准确速度和位置等。

勒夏特列原理(Principe de Le Chatelier)：在一个化学系统中，如果改变其中一个变量因素，那么平衡就向能减弱这个改变的方向移动，从而达到一个新的平衡。

热力学定律(Principe de la thermodynamique)：1.能量不会凭空产生，也不会凭空消失，它会转换和储存（能量守恒原理）；2.孤立系统的熵只会升高；3.在绝对零度（0开尔文）时，一个物质的理想晶体的熵为零。

R

外销旋体(Racémique)：两种对映体的等量混合物，由于内部抵消不具有光学活性。

重排(Réarrangement ou transposition)：指分子中的原子迁移，此迁移表现为化学键的重新分配，以及由此引起的分子骨架发生变化。

还原剂(Réducteur)：指给氧化剂提供电子的反应物。

还原反应(Réduction)：是指物质得到电子，氧化态降低的化学反应。

八隅体规则(Règle de l'octet)：元素在构成共价键时，都有使其最外层拥有八个电子的趋势。

共振论(Résonance)：路易斯结构式具有一定局限，当它不能准确描述分子结构时,可采用共振来确定其结构形式。

S

    皂化反应(Saponification): 在碱催化下的不可逆的酯水解反应。

    溶解度(Solubilité): 溶质在溶液中达到饱和状态时所溶解的克数。

    溶质(Soluté): 可溶化于溶剂中从而生成溶液的物质。

    溶液(Solution): 一种均匀的,且拥有一个或多个可溶于溶剂中的物质的混合物。

    溶剂(Solvant): 一种可以溶解溶质从而形成溶液的液体。

    立体异构体(Stéréo-isomère): 是指原子连接顺序相同,但原子空间排列方式不同的异构体。

    升华(Sublimation): 物质从固态直接转变为气态的过程。

    超临界(Supercritique): 指当气压和温度达到一定值时,水和蒸汽的密度相同。

    超导性(Supraconductivité): 一种材料,在几乎无电阻和超低温情况下,进行的不定电流循环。

T

    互变异构体(Tautomère): 由于氢原子转移和多键转变,官能团互相转换从而形成的同分异构体。

    绝对温度(Température absolue): 见绝对温标。

    表面张力(Tension superficielle): 促使液体表面面积增大而所需要做的功。

    气体动力学理论(Théorie cinétique des gaz): 从物质的微观结构学说来解释气体的某些特性。

    热力学(Thermodynamique): 物理化学的一个分支,主要研究能量转变,更准确的说是热和功之间的能量转换。参见热力学定律。

移位(Transposition):参见重排。

U

原子质量单位(Unité de masse atomique):被定义为碳12原子质量的1/12。

汽化(Vaporisation):物质由液态转换为气态的过程。

气体摩尔体积(Volume molaire d'un gaz):在恒温恒压下,1摩尔任意气体所占的体积。在标准状况(STP)下,理想气体的摩尔体积为22.4升。